做事的真谛

[英]马克·弗里茨 著　刘迎 译

"坚定信念，才能实现追求。"

重庆出版集团
重庆出版社

版贸核渝字（2011）第24号

图书在版编目(CIP)数据

做事的真谛/（英）弗里茨（Fritz, M.）著; 刘迎译. —重庆: 重庆出版社, 2011.4
ISBN 978-7-229-03839-7

Ⅰ.①做… Ⅱ.①弗… ②刘… Ⅲ.①成功心理—通俗读物 Ⅳ.①B848.4-49

中国版本图书馆CIP数据核字（2011）第036537号

做事的真谛

Zuo Shi De Zhen Di

[英] 马克·弗里茨　著

刘迎　译

出　版　人：罗小卫

策　　　划：尽善 华章同人

执行策划：卓越创意

责任编辑：王　水

特约编辑：徐　虹

重庆出版集团
重庆出版社　出版

（重庆长江二路205号）

北京佳信达欣艺术印刷有限公司　印刷

重庆出版集团图书发行公司　发行

邮购电话：010-65584936

E-mail：haiwaibu007@163.com

全国新华书店经销

开本：880×1230mm　1/32　印张：6.5　字数：115千

2011年6月第1版　2011年6月第1次印刷

定价：28.00元

如有印装质量问题，请致电023-68706683

做事的真谛

亚马逊网店五颗星推荐

《金融时报》全球畅销榜

世界各国16种语言译本

在比尔·盖茨用过的法则中，这些是法则中的法则

在事业上和生活里感悟到的真谛中，这些是精华中的精华

这是一本每天都该读几页的书！

每一条都能让你永志不忘！

为什么比尔·盖茨能在13年间从一位业余程序员成为亿万富豪？这个事例对你有什么启发？（见本书第1条真谛）

很多人终其一生都不知道自己究竟想要什么，事实上，多数人无法具体地告诉别人自己想要怎样的人生。人生的意义不在于做了多少事，而在于是否做了正确的事。要想知道职场上和人生里做事的真谛，请你从这个问题开始：

13年，你能否成为下一个比尔·盖茨？

目录
CONTENTS

没时间怎么办?

"我实在是没时间!"你可能常常说或听到别人说这句话。当今世界人们的生活节奏是如此之快,每个人都想竭尽所能完成更多的事情,这导致了你不能总是做自己原本想要做的事情。然而,一些人看似做的事情总要比其他人多些,而且你绝不会听到他们说"我实在是没时间"。对于他们来说,时间绝对不是一个问题,唯一需要考虑的是该利用时间做什么事情。你呢?

时间管理只是神话罢了。每个人每一天拥有的时间都是一样多的,没有人能够真正地管理时间。你不能够因为今天很忙而要一天花30小时,也不能因为星期五没有什么事情而决定那天只有18小时就够了。这种事情根本不可能发生。因此,你不能管理时间,而只能够管理自己如何利用时间。

你的目标只是做更多的事情吗？很多人的目标都是如此。对于世界上的成功人士来说，这还不够。对于他们，目标不仅仅只是做事情，而是做正确的事情。

这本书讲的正是做正确的事情。

我研究过成功人士的做事方式，以及那些时间管理大师们把自己的时间管理得更好的一切技巧。我尝试过许多时间管理技巧，但随后又将它们一一抛弃，因为我认识到，完成事情的诀窍绝不是你熟知多少条技巧，而是要坚持关注对你最为重要的事情。

这本书会让你明白，你无法真正管理时间，但是你可以管理你的关注点，以更有效地利用时间。对此我已经深信不疑。你会发现，完成事情关乎五个关键因素。读完这本书，你会更为细致地了解这些因素。

1. **成功**——了解你的愿望，确定你需要达成所愿的理由。

2. **思想**——一切的行动首先始于我们的思想，因此，花时间思考是一个利用时间的很好方式。

3. **自律**——你做事时强迫自己做自己认为应该做的事情。

4. **协作**——没有他人的帮助，没有人能获得成功，完成正确的事情。

5. 成长——你越成熟，那么你积累的关注正确的事情的经验也会越多。

　　读了这本书，你也会深信做事情的关键不是时间管理，而是重点管理，然后再在必要时候自律地去做必要的事情。你不会再对自己说："我实在是没时间！"相反，你会从读完这本书那天起，开始花时间判断自己的关注重点，然后每天提醒自己你的关注重点。成功人士们所做到的，你也能。

　　轮到你了——做你该做的事吧！

真谛

不是把事做完，

而是把事做成功

人生的意义不在于做了多少事，而在于是否有所成就，在于是否做了正确的事。要想创造你想要的生活，首先得明确成功二字对你意味着什么。明确了这一点，就能有的放矢地去创造你想过的生活，去追求你所希冀的成就（做好正确的事）。

很多人终其一生都不知道自己究竟想要什么。事实上，多数人无法具体地告诉别人自己想要怎样的人生。然而，这些人却很可能会罗列出一大堆他们不想要的东西。考虑过这一点吗？如果你能够列出一大串你不想要的东西，那么你得承认你对"己所不欲"的思考往往多于对"己所欲"的思考。你是这样的人吗？

要想真正获得成功，保证你做的是正确的事，就必须花时间思考一下成功究竟对你意味着什么。明确的成功定义有助于为你的人生带来更多的意义，有助于你集中精力做好正确的事。记住，若仅仅依照他人对成功的定义来生活，不管是父母的还是朋友的，你永远都无法过出最圆满的人生。你自己想得到什么，这才是关键。而首先你得为自己给成功二字下个定义。

当你在研究成功的定义时，切防以偏概全、一叶障目。许多人在事业上和财富上都取得了巨大成就，而过后却往往后悔他们要是曾多花点时间陪陪家人与朋友那该有多好。全方位地审视一下你自己的私人生活和事业，思考何为成功的人生，自己究竟想获得怎样的成就。

思考何为成功的人生，自己究竟想获得怎样的成就。

在为自己定义成功时，有两个关键因素：一是你的**激情**，二是你的**潜力**。

若你问成功人士他们成功的窍门是什么，不少人可能会这么说："我围绕我的热情成就了一番事业（或者创立了一家企业）。"围绕**激情**创建人生的人往往更有所成，往往比缺乏激情的人取得更大的成功。

以你自己的生活作为实例，你就很容易明白围绕着激情来创建人生其背后有着怎样的力量。你不觉得当你对某事很有热情时，做事的灵感和精力总是要比平常充沛吗？带着热情来做事与漠不关心做事相比较，不总是前者的事拖延得少却办得更好吗？可见，这就是围绕着热情创建人生其背后的力量。

第二个关键因素是**潜力**。太多的人在定义成功时总是基于自己目前手中拥有什么、目前又能力所能及地做些什么的思维定式上。而真正的成功人士在定义成功时，往往是基于他们内在的全部潜力。 演说家、作家尼多·库柏（Nido Qubein）说得最妙："很多规划存在的问题在于，这些规划制定的依据都只是目前的现状。要想成功，你的个人规划应关注你内心的向往，而不是你现在拥有什么。"跟很多人一样，你内心里蕴藏着巨大的潜力，完全可以做到很多你想都不敢想的事。

你永远无法做成一件连概念都未曾明确的事。

记住，你永远无法做成一件连概念都未曾明确的事。首先应花时间认真思考一下你的激情和你的潜力，同时明确你人生中最看重的是什么。在明确成功的概念时，你要思考你希望在一生中实现什么目标，并为实现这个目标设计一个人生。最好是首先就对如下问题进行一番大脑风暴式的思考，然后在纸上写出你自己的答案。

1. 成功二字对我意味着什么？
2. 我自己对什么充满了激情？
3. 什么事情做起来能让我充满活力而不是费神费力？
4. 什么事我一直梦想着能实现，却又从未真正想办法去实现？
5. 我觉得自身有哪些潜力？以往别人对我谈我的潜力时是怎么说的？

一旦这些问题有了清楚的答案，做正确的事便有了意义。

如果你以前没做过的话，不妨现在花点时间做如下几件事：

1. 明确你的激情在哪，你最看重的又是什么。
2. 思考一下你的全方位潜力，而不仅仅是你目前所处的状况。
3. 从你想要什么以及如何得到的角度来明确成功的概念，并设计自己的人生。

真谛

2

理由应比手段
更充分

有多少人一辈子都在过着机械式的生活啊！他们在日积月累中形成了各种日常习惯，而这些习惯又渐渐成为了他们的生活。他们从来没有真正花时间想想他们向往什么，又为什么向往这个。你想过吗？

在实现人生愿望的过程中，理由要远比手段更重要。

在实现人生愿望的过程中，理由要远比手段更重要。事实上，要获得你梦寐以求的成功，理由应该比手段更为充分。

理由是强大动力，是促使人们去做正确的事的最有力因素。举个例子，一个人因为常年吸烟，得了肺癌。而在得知自己得了肺癌的当天，他（她）就把烟戒了。为什么？因为患癌症的消息，吸烟成了关乎人生死的问题，这些事实，这样的理由，已完全充分到足以促使一个人戒烟，乃至立即戒烟。由此可以看出，一个充分的理由背后具有怎样的力量。

尽管人并不总是处在生死攸关的处境中，但人的一生却总会向往着去实现一些对自己非常重要的事。很多时候，你总会梦想着获得某些东西，甚至在你的脑海中把美梦成真的圆满结局都构思出来了。但假如你总是把它当做一个梦，而不花时间去思考实现这个梦的理由，那么你很可能不会为这个梦想付诸多少行动。相反，要想实现这个梦想，你很可能需要改变你目前利用时间的方式，你甚至可能需要养成一些新的习惯。

要为你的梦想去做一些必要的改变，或者养成新的习惯，你需要确定一个足够充分的理由让自己为之采取必要的行动。这个理由必须足够充分，足够有力，足以让你改变自己现有的行事方式，同时加以频繁地实践并重复新的行事方式，进而将由此形成的一些必要的新习惯融入你的日常生活。从上面关于理由的那个癌症患者例子，我们可以看到理由的力量能够强大到让人立刻改变自己的行为方式。

理由不仅是促使你采取行动、达成所愿的重要因素，同时也是激发你自身创造力的驱动器。你想要获得某物的理由越充分，你对它的关注和思考就越多。而更多的思考会有助于你发现新的、更好的方法达成所愿。

这就是理由背后的强大力量。一个充分而有力的理由能唤起你心中强烈的渴望（无论是有意识的还是下意识的），它使你想去拥有，并采取必要的行动去获取。当你不顾一切要实现这种渴望时，你就会采取必要的行动，不为他事所动摇。这种理由会变得强烈至极，以至于为得到自己想要的东西，你甘愿去做自

> 有了理由，你的目标就会变得富有说服力，你也会抖擞精神、想方设法去实现它。

己厌恶的事情。

有了理由，你的目标就会变得富有说服力，你也会抖擞精神、想方设法去实现它。弗里德里希·尼采（Friedrich Nietzche）说过："只有知道自己'为何'而活的人，才能承受所有'如何'生存的问题。"你可以从许多最为杰出的运动员身上理解这一点。他们都说他们痛恨被迫进行训练，然而相形之下，他们更热爱获胜和成为冠军的那种感觉。获胜并成为冠军这个理由压过了被迫进行训练所带来的那种厌倦感。

要想圆梦或者获得生活中你想获得的其他东西，在你着手做事前，首先得确定你这么做的理由是什么。一个充分而有力的理由能使你积极主动地采取必要行动，日复一日，尽全力去实现你的目标。

在实现人生目标的过程中：

1. 从现在开始，就要为自己找到一个理由。

2. 有了理由，你就有了设法去实现它的动力。

3. 理由应始终比手段更为充分。

真谛

3

坚定信念，
才能实现追求

"凡是没亲眼见到的事我都不信"，这句大俗话你我肯定都曾不只一遍地说过。然而，生活中的成功之道却往往与这句话背道而驰。在你还未找到办法实现自己愿望之前，你必须首先坚信自己能够过上想过的生活，能够实现追求的梦想。最有力的座右铭应该是："凡是我坚信不疑的事一定能在我眼前实现。"

有个老故事特别能说明这一点。有两位鞋子销售员去了非洲的一个偏远地区。他们其中一位向总部写信报告说，这里的人不穿鞋，毫无市场可言。相比之下，另外一位却报告说，这里的人没鞋穿，商机无限。请多给我发一些鞋样过来。我们可以看到，第二个销售员看问题时有着一个完全不同的视角，他看到了另外一位销售员未曾洞察到的东西。

你呢？你的人生愿望是什么？你想实现什么？假如连你自己都不相信能梦想成真，不相信能过上渴望的生活的话，你觉得自己能找得到帮助自己圆梦的办法和途径吗？

为什么说信念是如此重要呢？不妨看看体育界的例子。当今世界，所有顶级运动员都是想象的高手，他们常常在脑海中想象着跑出了完美的冲刺，或者踢进了制胜一球。每当他们在脑海里重复想象一遍成功的画面时，他们心中"我能行"的这种信念就更加坚定了一分。正是这样的信念促使他们赢得比赛，但这种信念并不是一闪念间形成的，而是通过不断地重复想象胜利的场景，而形成足以使运动员们去努力实现梦想的强大信念。

你本人完全也可以这么做。何不每天花点时间去设想一下自己美梦成真、生活美满的动人场景呢？通过重复想象这样的成功画面，你就会在心里树立起与那些成功运动员们一样强大的信念。

一旦坚定信念，你就能找到达成所愿的方法，并开始着手加以实现。

一旦坚定信念，你就能找到达成所愿的方法，并开始着手加以实现。

信念的力量是无远弗届的，它不仅能影响你的主观意识，同时也能影响你的潜意识。当你已经为自己下了一个成功的定义，找到了要成功的理由，并且坚定了自己必能达成所愿的信念时，你也就在脑子里确立了一个明确、有力、在自己的潜意识里都想去实现的目标。

实际上，人的潜意识就像孩子一样单纯。它只会循着你给出的目标而行事。假如你给它一个十分明确而有力的目标，那么它就有了一个明确而有力的努力方向。

拿你上次买车的经历举个例子。你看了车子的使用手册，进行了试驾，并开始沉浸在了拥有此车的构想或者画面里。在这过程中，你渐渐形成了让自己下决心去买这辆车的理由。

等到你真正出手买车时，这样的理由事实上已经强烈到了让你非买不可的地步。买车过后，当你开着它上路，你很可能会发现，放眼望去到处都见得到和自己座驾一样的车型。有意思的是，几个月前同样款式的车往来于路上，你却从未曾注意过。这是为什么呢？原因在于，你已经形成了极为强烈的理由去买这辆车，以至于不管你去哪儿，你的潜意识都会刻意让你去注意每一辆与你擦身而过的同款车型。这绝对不至于是你一早起床，就暗下决心说今天一整天就只上街找着相同款式的车瞅去吧？相反，是你的潜意识让你不由自主地去注意这款车。

当你有了一个坚定的信念时，也会出现同样的情况。你的强烈信念会形成一个有力的关注点，而你的潜意识则会围绕着这个关注点而活动。日常生活中，你的潜意识会使你留意那些你所遇见的有助于自己达成所愿的人和事。假如你的信念足够强烈，你的潜意识会帮助你预见未来，实现梦想。

可以想象，在为实现理想而坚

假如你的信念足够强烈，你的潜意识会帮助你预见未来，实现梦想。

定信念的背后，蕴藏着多么强大的力量。你投入越多的时间来树立自己必能成功的信念，你就能发现越多的机会去实现梦想。

记住，若你心中一开始就没有信念，那么你决不会真正洞察到能使你获得成功的因素。坚信能够成功，才会真正获得成功。

成功要的不是依据，而是信念。要想树立信念，就应该：

1. 每天关注你的梦想。
2. 一遍一遍地告诉自己，为何有这样的愿望，为什么这个愿望对于自己至关重要？
3. 假设一下自己美梦成真会是怎样的场景，并在脑海中勾勒出相应的画面。

真谛

4

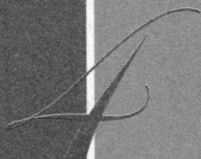

实现重点管理，
而非时间管理

谁都无法左右时间。你不可能对自己说，今天真的会很忙，你今天得用30小时；明天似乎情况稍好，18小时就够用。你不可能去左右时间，但你能够支配你的关注重点，而你的关注重点决定着你将如何分配自己的时间。

时间本身不会影响工作的完成。问题的关键在于如何利用时间。

　　每个人拥有的时间都是一样的，然而，有的人用相同的时间能比其他人完成更多的工作。为什么会这样呢？时间本身不会影响工作的完成。问题的关键在于如何利用时间。

　　有关时间管理的点子、技巧和软件在日常生活中随处可见，看起来似乎都有助于你更好地管理时间。但对于那些真正掌握80/20法则（二八定律）的人来说，事情做得好，80%的原因不在于使用了哪种有关时间管理的点子、技巧或者软件，而在于要重点关注并持续关注那些对自己实现成功和过上理想生活至关重要的事情，那些有助于自己朝梦想迈进的事情。实际上，关键就看你究竟投入时间去做什么。

　　个人的时间支配取决于你每天、每时、每刻做出的选择，取决于你决定做什么，又决定不做什么。你

"同意"做什么，又"不同意"做什么，这决定着你会取得怎样的成就。你所确定的关注点将会是一个有力的标准，你可以依照这个标准决定是否做某事。如果没有一个关注点，你就没有任何标准来决定什么事该做，什么事不该做。

你的关注重点到底是什么呢？你的主要关注点（或标准）依据你所期待的成功而定，其中包含了你想要实现的目标以及渴望拥有的生活方式。确定关注点有助于你决定做什么或不做什么。为了实现你自己所定义的成功目标，你会专注于多花时间做些让你更加接近成功的事情。大多数人不能达成所愿，原因是他们做事就缺这样的一个关注重点。人们若没有一个明确的中心任务，那么他们会去做一些无益于实现自己愿望的事情，而之后又总是惊讶地发现日子一天天过去，他们却根本没有做任何自己真正想要做的事情。他们实际上是按别人的关注重点做事，而不是自己的。

另外，记住，你的关注重点由你的愿望（职业方面及生活方面）所决定。应该保证自己能够在关注重点上实现正确的平衡，确保你在工作及生活的平衡上有最适合你自己的正确的观点。

有很多方法能捕捉你的关注重点，以便时刻提醒自己如何最好地支配时间。有的人会写便签提醒自己，有的人会列个清单放在自己面前，也有很多人只想把它记在脑子里。问题的关键是找到适合自己的最好方法。经验证明，把脑子里设想好的关注重点写到纸上，这是个上佳的方法。

假如你和大多数人的做法一样的话，那么当你有一个明确的关注重点时，你就能正确地选择如何支配时间。注意设法提醒自己关注重点并使之成为一种习惯。你能做的最重要的事情就是确定和保持你的关注点，这样能让你完成更多的事情，并做对的事情。

"如激光般"明晰的关注重点能使你达成更多的愿望。

你的关注重点会成为你自己日常生活中的标尺，用来决定你做某事或是不做某事。一个"如激光般"明晰的关注重点能使你达成更多的愿望。

记住，谁都无法管理时间。但是，你可以管理自己的关注重点：

1. 根据你所期望的成功，确定你的关注重点。
2. 牢记在确定你的关注重点时，需要找到你自己事业和生活的平衡点。
3. 将你的关注重点作为决定某事做还是不做的标准。

真谛

5

事事重要，
则无事重要

若事事重要，那么所有事情的重要性都一样了。假如每件事的重要性都一样的话，就不存在与众不同的、真正重要的事了。对于你来说，最要紧的事情就是设法确定究竟什么事情对于你最重要。要想把该做的事做好，你应该懂得哪些是要做的最重要的事，并首先着手做这些事，即该做的事。

对于你来说，最要紧的事情就是设法确定究竟什么事情对于你最重要。

人们常常会说一个老故事。其演绎的角度很多，我这里挑其中一个版本来讲，此版本充分凸显了明确关注点以及明白事情轻重背后的重要作用。

一位教授带了一个玻璃大花瓶到教室里，放在自己前面的桌子上。他先用大石块往花瓶里装，塞得满满当当，并问同学们："花瓶满了吗？"同学齐声回答："是的，看起来已经满了。"接着，那位教授又倒了一些小鹅卵石到花瓶里。小鹅卵石在整个大瓶子里四处滚落，散布在大石头间，教授一直把花瓶里的小鹅卵石加满。他又一次问道："花瓶满了吗？"这一次同学们都没有回答，因为他们不再那么肯定了。

接着，教授把沙子装进花瓶里。沙子装在了岩石和小鹅卵石之间，教授一直将沙子装到了瓶口。教授提问道："现在瓶子满了吗？"教室里一片寂然。最后，教授开始往瓶子里注水，水浸湿了沙子，他接着把水倒入，一直到注满花瓶。教授又一次问道："满了吗？"

最后，教授让同学们回答他举这个例子的用意。其中一位同学开玩笑道："为了表现你可以往花瓶里装多少东西。"教授道："你说得没错。但这同时也展现了当你的人生一开始接触的是'石块'时，你可以怎样安排自己的生活。"

石块代表了你生活中重要的事，你需要首先处理这些事情。拿花瓶的例子来说，假如我们不是一开始而是最后才放大的石块（先装沙子和水等），那我们还有可能把石块放进花瓶吗？答案是不可能。生活亦是如此。假如我们总是做些对自己来说无关紧要的事（这些事可能对别人很重要），那么你就没空去做对自己来说至关重要的事情了。

大多数人不会专门花时间去想，对他们来说什么事情是最重要的。假如你从不判断何事重要，那么对你而言，一切看起来都是同等重要的。一旦事事看起来对你都是同样重要时，你往往会倾向于哪个急就先干哪个。生活中，如果你每天仅仅忙于做当天亟待完成的事情，你觉得这有助于你在最短的时间内达成所愿、取得成功吗？

重要的事先做，这一点十分要紧。我们可以举个例子。

今天一整天你的事情都特别多，但忙来忙去，你却一直在做一些在别人看来是石块，但自己看来不过是沙子和水之类的事情。对此，你感到有些沮丧。这时，你的爱人或朋友打电话给你，请你在回家的路上帮他们跑跑腿（比如取一下送去干洗的衣物或买些菜准备回家做晚餐）。一天到头，尽是遇到些自己觉得芝麻绿豆的小事，没完没了！这种感觉让你的心情变得更糟。

换个方式过日子。今天一早起，你就一直在做对于自己很重要的事情，期间也围绕着这些"石块"，做了一些不那么重要的像"鹅卵石、沙粒和水"之类的事情。此时你会产生一种自己已经把事都做好的感觉，该做的事都做了。这时，你的爱人或者朋友打来了电话，跟上文一样，让你跑跑腿。还是一样的事，但这次你的心情却不一样，你并不感到沮丧。为什么会这样呢？原因就在于你这一天首先着手做的是最为重要的任务，而你感觉到自己已经完成了自己想做的事情。

生活并不是简单地把事情做完，而是要把该做的事情做完。尽一切力量把最重要的任务摆在首要位置，这有助于你最先着手做最重要的事情。一旦你的关注点没有集中在重要任务上面时，你往往会转而去先做那些看起来比较急迫、比较简单的事。真正的关键是把重要事情当做急事和简单的事首先着手完成。

坚持把自己的关注点放在重要事务上，并不断提醒自己，寻找最适合自己的方法来决定事情的轻重缓急。你关注的重要事情越多，那么你将会完成的重要事情也就越多。

你关注的重要事情越多，那么你将会完成的重要事情也就越多。

不要被急事牵着鼻子走，不要被其他人认为重要的事情所牵绊。把你自己认为重要的事当成急事来做。

在生活中要逐渐形成提醒自己的习惯，以确保自己牢记什么是重要的事情：

1. 不断提醒自己什么是重要的事情。
2. 记住，该做的事反而常常是你觉得"不必做"的事。
3. 要明白：若事事皆重要，则事事皆寻常。

真谛

6

关注点越清晰，
行动的方向就
越明确

有了关注点，你就能判断哪些事重要，哪些不重要。当你的关注点极为清晰时，它能帮助你完成更多你想要完成的事情。若你生活繁忙，而事业与人生中又琐事纷扰不断时，你往往很容易会迷失自己的关注重点。

清晰是关键，没有了清晰的关注点，你就无法取得本该取得的成就。在自己的生活片段中，常常可以找到有关清晰与模糊的例子。

> **清晰是关键，没有了清晰的关注点，你就无法取得本该取得的成就。**

假如你有孩子，你会发现，在向他们解释某些事情时，你讲得越清楚，他们就越能听懂你所讲的内容，并且做你想要他们做的事情。有多少次你是急匆匆地讲完，没有花时间把事情讲清楚，以至于小孩没听懂你说什么，也没按照你所说的去做呢？对于他们而言，你没有把意思真正表达清楚。若你有时间回想一下自己所说的话，你会觉得要是换自己去听，也会听得一头雾水。

日常工作中，在连着开几场会议时，你同样也会碰到这样的情况。会议时间马上到了，某君便想匆匆忙忙地快速总结一下手头上的这个会议，接着赶赴下一场会议。于是他匆匆就下一步工作含含糊糊地提了个方向，但这让在场的所有人面面相觑，似乎互相在问："这事到底由谁来干？"这又是一个交代事情不清楚的例子。

这些例子表明，要想把事办妥、办好，清晰这个要求是不可或缺的。你首先需要有一个清晰的关注点，这是你在日常生活中决定某事做与不做的标准。你的关注点越清楚，你就能越准确地决定哪些事要做而哪些事不用做。这样，你就能做更多对于自己重要的事情。而当你的关注点不够清晰时，你就只能用一个模糊不清的标准去拿主意决定"做"还是"不做"。在这种情况下，你很可能会昏头，决定去做很多对于自己并不是真的很重要的事情。

鉴于清晰的关注点重要如斯，不管是平日上班还是周末休息，你都应该想尽办法使关注点变得清晰，并予以保持。

此外，清晰的关注点也有助于发挥你的潜意识的力量。潜意识会给你以帮助，但条件是你必须给它确定明确的工作对象。你的关注重点越清晰，你的潜意识就会给你越多帮助，令你得出富有创造性的点子，完成更多的事情。我们常常会遇到这种情况：当我们思考着一个明确待解决的问题入眠时，常常会发现自己一觉醒来，脑子里就有了解决问题的答案。为什么呢？原因就在于，你给潜意识提供了一个明确的工作对象。

一个清晰的关注点应该总是既包含办事的对象，又包含办事的理由。

另外，一个清晰的关注点应该总是既包含办事的对象，又包含办事的理由。对象涉及到你的关注面，它驱动着你去做你需要完成的一切事情。但同时，你也要关注做事情的理由，它有助于你发掘更多的灵感和动力去完成需要完成的工作。在着手人生中有待成就的大事时，应总是同时考虑做事的对象与理由，以使得你办事时更为明确，也得到更多的启发。

关注点清晰的另一个重要的益处在于，它有助于你在如何利用时间方面做出明确的取舍与权衡。决定做某事的同时也就意味着决定不做另外某些事。当你一直都持有一个清晰的关注点时，你会更清楚地理解在做与不做方面需要进行怎样的权衡。假如你能更加坦然地形成做与不做的决定，你自身感到的压力便会大大减少，因为你知道某些事情做不完是因为根据你的关注重点，这件事的优先级并不算太高。

记住，关注重点越清晰，你就会采取越多的行动实现自己的愿望，而不是别人的愿望。清晰的关注点带来成功，相反，没有谁能带着一个模糊的目标而成就一番事业。

花时间明确你的对象和理由：

1. 不断检查自己的关注点是否明确。

2. 总要同时思考办事的对象和理由。

3. 记住，有了清晰的关注重点，才会有明确的行动。■

PART 2

关于目标
与结果
的真谛

真谛

7

目标让你主导
自己的生活

关注点清晰与否十分重要。然而，真正使关注产生力量的，是你基于自己的关注重点所设定的目标。目标有助于使你的人生方向与你的关注重点保持一致，同时使你产生一种紧迫感，鞭策你每天以及每周的工作。目标使你坐在了人生的驾驶座上。没有目标，你就好比是坐在副驾驶座或后排座位上，甚至你可能根本连车都没上。

目标使你坐在了人生的驾驶座上。

判断生活中的一些目标远大与否，有一条很好的标准值得借鉴，即：

你的目标应当既使你兴奋，又令你不安。

一件无法让你感到兴奋的事，你绝对做不好，也不会有精力坚持做下去。反过来看看那些你制定的让自己感到兴奋的目标，归根到底往往是一些让你感到激情澎湃的事情。

与此同时，你的目标也应令你感到不安。目标应当给你带来挑战，鞭策你的成长。假如你已经一清二楚地知道如何去做到某件事情，那么这件事便算不上是一个目标，它充其量是你计划实现的一个结果罢了。

目标应当是能挑战自己、使自己成长、并发挥内在潜力的事物。你创立目标的那一刻，很可能根本不清楚该如何去达到这个目标。1961年美国总统约翰·肯尼迪（John F. Kennedy）发表演说时提出，美国会在60年代末实现登月。这就是一个目标。你觉得那时候肯尼迪总统和美国航空航天管理局（NASA）心里有底，知道如何去实现这一梦想吗？他们恐怕并不知道吧。就你自己的目标而言，你恐怕也不知道如何去加以实现。这就是目标给你带来的不安感。

　　从肯尼迪总统所制定的目标中，我们还发现，总统给这一目标定下了一个期限。给远大的目标下一个具体的期限，会给人一种紧迫感，使你在日常生活中充满动力。

　　应该确保自己的每个目标除了带来兴奋感和不安感之外，还有着另外的一个标准，那就是：期限。

　　记住，应该确保你的目标既能使你兴奋，又会令你不安。当你学会围绕着这些目标来建设自己的生活时，你便成了自己生活的主导。这些目标会让你持续地关注着自己的追求，帮助你明确人生的方向。

确保你的目标既能使你兴奋，又会令你不安。

　　为了响应肯尼迪的目标，美国航空航天管理局就得制定一些小一点的中期目标，以确保他们既能在60

年代末实现既定目标，又能鼓舞美国国民一步步去实现梦想。美国航空航天管理局制定了一些十分关键的中期目标，由此来看，你同样也需要为实现自己的远大目标而制定一些重要的中期目标。

就目标而言，还有一些其他的因素可以驱使你去加以实现，包括：

1. **目标清晰**——你的目标应当清晰，因为你无法实现一个模糊的目标，或者从中找到动力。同时，你也应该给目标以足够明确的界定，能让你将来清楚地感觉到这个目标是否得到了实现。

2. **及时回顾**——目标并不是制定之后就束之高阁，一年过后再拿出来看的东西。要想主导自己的生活，你得时不时对自己的目标进行回顾，有些目标甚至需要每天回顾。之所以要常常回顾目标的原因在于，这也是另一种能够提醒你自己的关注点所在和哪些是要紧事的良好方式。就像畅销书作家、国际演讲家博恩·崔西（Brian Tracy）所说的："制定目标，并把它们写到纸上，这能够使你实现目标的可能性提高十倍。"

写到纸上的目标和计划是非常有力的。它们能定下你的方向和步伐，使你坐到自己人生的驾驶座上。

目标就像你生活的路线图。拿出纸张，写下：

1. 那些让你感到兴奋且不安的远大目标。

2. 那些帮助你进步、激励你去实现远大目标的中期目标。

3. 如何回顾目标，何时回顾目标。（为何不每天回顾目标呢？）

真谛

8

生活中不仅
有目的地，
还有旅途

很多成功人士满脑子常常唯目的地论。他们兢兢业业工作，挣得钵满盆盈，但某天早上醒来，却突然想问自己："所做的这一切都值得吗？"他们一直所关注的仅仅是他们所追求的目标（目的地），却忘了旅途也是人生的重要部分。

真正快乐的人既懂得享受旅途的风景，又会享受到达目的地的喜悦，这恰恰就是人生的全部。

幸福和满足并不是你在取得成功或实现目标时才能拥有的感觉。在实现目标的过程中，你也同样应该拥有这样的感受。真正快乐的人既懂得享受旅途的风景，又会享受到达目的地的喜悦，这恰恰就是人生的全部。

厄尔·南丁格尔（Earl Nightingale)写过《最神奇的秘密》，他说得再恰当不过了："成功就是循序渐进地实现一个有价值的目标或理想。"成功不仅仅只关乎最终目标的实现，一个成功的人生是旅途和目的地的完美统一。假如你认为只有当达到你的目标和实现你所期待的成功时，你才会快乐，那么你真正快乐的时间会非常短暂。你只会在你实现梦想的刹那高兴片刻。

你也许会说，这要看如何设计自己想要的生活方式。那么，假如你可以设计自己的生活，你的生活会是什么样子？这是一个大问题。假如你像大多数人一样，没有花多少时间去回答这一问题，那么为何不现在试着去回答呢？

心中应该有明确的目标，确定自己想要取得怎样的成就，自己的人生想要怎样的成功，这一点意义重大，毋庸多言。你也明白，了解自己的兴趣和潜力对于定义自己生活的成功很重要。要想在此基础上进而设计自己的生活，你要虑及的是两件至关重要的事情，它们是：

1. **什么使你快乐？**——什么样的关系或活动等会给你带来最大程度的快乐？

2. **什么能够帮助你成长？**——什么样的个人发展或活动会帮助你成长（而且更加快速地成长）？

要创造你想要的人生，你需要每天做使你快乐并能助你成长的事情。

记住，你要设计的应该是一个能让自己既最终到达目的地，又能享受旅途的人生。花时间站在前头设计自己的生活，这样的话你就总能享受过程。美国最杰出的商业哲学家吉米·罗恩(Jim Rohn)说得好："当你追求你想得到的一切的时候，学会为自己现在

生活，就意味着发掘自身的潜力，并享受过程。

所拥有的一切感到幸福快乐。"

生活，就意味着发掘自身的潜力，并享受过程。应通过以下方式，确保你拥有一个愉快而富有成果的过程：

1. 基于你的兴趣及潜力来规划你的生活。
2. 让能使你感到快乐的活动成为你生活的一部分。
3. 让能助你成长的活动成为你生活的一部分。

真谛

9

关注结果，
你能完成
更多的事情

你是否注意到很多人一直忙忙碌碌，却不知道他们究竟取得了怎样的成就，又有哪些成果呢？不管是一天还是一辈子，究竟是选择以活动为重还是以结果为重，二者之间可谓是迥然不同。选择以结果作为关注重点的人能完成更多的工作，因为他们更看重自己为什么目的而忙碌。

你越关注结果，你的目标就越清晰，同时你就会越掌握主动权，完成工作。对结果的预期有助于提高你的主动性，而主动性则会促使你取得成功。

对结果的预期有助于提高你的主动性，而主动性则会促使你取得成功。

那么，当人们知道以结果为关注点，他们便能做更多的事情时，为什么他们还是选择仅仅去关注某个单一的行动呢？究其原因，就如亨利·福特（Henry Ford）说的："思考是世界上最艰苦的工作，很少人愿意从事这项工作。"因为要想确定结果，并根据结果指导自己的行动，意味着你不得不花大量的时间考虑什么结果对你来说最重要。

大多数人不会花时间进行思考！听起来匪夷所思，然而，随着社会生活节奏的加快，许多人的确只会关注手头上正在做的事情，而不会真正花时间进行思考。假如你不花时间思考，那么你会按习惯进行办事（老一套），而如果不改变自己习惯的话，得到的结果往往也是大同小异。

最成功的人是取得成就最多的那部分人，他们把思考时间作为头等大事，优先纳入整天、整周的安排里，来思考自己究竟想获得哪些主要的结果。你有这样做过吗？

你界定的预期结果越清楚，你就会越发有创造力去实现它们。而反过来，想要围绕着一个模糊的目标去发挥创造力是非常困难的。因此，为了提升创造力，找到更好、更为迅捷的方法来达成自己期待的主要的结果，你必须尽可能清楚地界定你想取得的效果。

你界定的预期结果越清楚，你就会越发有创造力去实现它们。

一旦你清楚地知道自己想要取得怎样的结果，你就会产生大量的去实现这些结果的想法和理念。此时的关键是，仔细思考并把这些点子写到纸上。假如你只把这些想法存在脑子里，那么你有可能会忘掉，特别是在你要用某个想法或点子的时候。

通常，自己想要的结果如期而至这样的美妙图景会激发你更多的创造性。这就是为什么到处可以看到，许多人会随身带着自己想要买的车或房子的照片。这样的画面会激发人们的创造性和主动性，去采取行动，实现愿望。

你应该今天就决定，打算何时花时间，又花多长时间，去思考自己想要实现的那些主要结果，这有助于你接近自己界定的成功和目标。你确定的结果越清楚，你就能越好地激发自己的创造力，你也会有更多的点子来付诸行动。记住，只有付诸行动，才能把事做成。通过明确自己想要的结果，你便能做更多正确的事情。

你需要的是达成自己的既定目标，而不只是简单地把工作做完。记住：

1. 不管做什么事，都要以结果为中心。
2. 对结果的预期有助于提高达成目标及实现预期效果的主动性。
3. 坚持以结果为重点，而不是以活动为重点。

PART 3
关于信念
与性格
的真谛

10

挡在前方的

别无它物，

唯有你自己

在通往人生成功的道路上，最大的阻碍绝不是其他人或你所处的环境。最大的障碍往往是你自己。自己的固有观念，是唯一真正能阻止你获得自己人生想获得的成功或通过正确做事来实现成功的障碍。这一点，《心理控制术》一书的作者麦克斯威尔·马尔茨（Maxwell Maltz）阐述得很好，他说："你体内现在就有着一股能完成自己从不曾想象过的事情的强大力量，而只有在你转变对自己的观念时，你才会拥有这种力量。"

要想做成一件事，脑子里得首先有想法才行。但是这些想法往往容易被你对自己的能力以及行动方式的固有看法所左右。这些观念是逐渐形成的，有的在你很小的时候或者在你步入成年之前就产生了。你可能还记得，当你还是小孩子的时候，你往往觉得几乎任何事都是可能的。但长大成人后，你似乎大大缩小了自己认为可能的事情的范围，而正是这一点在很大程度上限制了你本该取得的成就。

作为30多部著作的作者，罗伯特·舒乐(Robert H. Schuller)说过："唯一一个让你的梦想变成不可能的地方是你的思想。"你觉得目前是什么样的观念阻碍着你呢？假如那些阻碍你行事的观念消失了，或者某些观念开始朝积极的方面转变，你会采取哪些不一样的行动呢？

当你已经发现是哪些观念在阻碍着你的行动时，你下一步就要问问自己为什么会持这些观念。要想改变固有观念，你必须花时间去思考自己为什么会那样考虑问题。了解了背后的原因，你就能明白这些观念究竟源自何处，这些观念究竟是否有根据可言，或者这些观念是否由于自己不断重复某种看法，以至于日益根深蒂固，发展成为今天的现状。

要想改变固有观念，你必须花时间去思考自己为什么会那样考虑问题。

就你对自己的固有观念而言，最大的问题是你总会倾向于为自己的这种观念去日常生活中寻找根据。假如你认为自己做不成某事，那么在日常生活中你便总会想着尽量不去做一些原本该做的事。这样，你越是不断地提醒自己做不成某些事情，你在日常生活中就越想着去避免做那些该做的事情。

事实上，这些事情如果做了，很有可能会拉近你与自己渴望的成功以及自己界定的目标之间的距离。但是由于你的固有观念一直提醒自己做不了，导致你日复一日地主动对这些事避而不做。

换句话说，你的观念渐渐限制了你很有可能会采取的通往成功的行动。你所持观念的局限性越大，

> 你所持观念的局限性越大，你就会越来越多地限制自己，不去采取你原本会为实现目标而努力的行动。

你就会越来越多地限制自己，不去采取你原本会为实现目标而努力的行动。

国际激励演说家、作家莱斯·布朗（Les Brown）说过："有时候，在你对自己没有信心时，你应该先相信别人对你的信心是对的。"有时，你死活不相信自己能够做到某事，但是你周围的其他人却相信你能够做到。此时就应该坚信别人对自己的信心是正确的，并开始采取行动，而这些行动将会帮助你开始相信自己，把事情坚持做下去。

另外，有一个很好的方法能促使你形成新的观念，那就是"设想"。何不把自己设想为一个实现了你自己原本觉得不可能实现的目标的人呢？当你一旦相信你就是这样一个人的时候，你就会像他一样思考，像他一样采取行动。

假如你设想自己已经成为你想要变成的那个人，那么你今天会想些什么，并将采取什么行动呢？不管你会想些什么，会做什么，现在就把它们都写下来。经过这种头脑方面的"设想"，你现在的思考方式和动作已经与五分钟前大不相同了。

创造不一样的生活，你需要从改变观念做起。记住，你的观念主导着你的思想，你的思想主导着你的行动。真正能阻碍你行动的只有你自己。

花时间认真想想，为什么你会有这些狭隘的观念：

1. 思考现在是什么阻止着你开展行动。

2. 对自己进行假设，这样你很快就会开始进入角
   色，采取行动。

3. 真正能阻碍你行动的只有你自己。 ■

真谛

11

你的过去并不
代表着你的未来

你对自己的许多观念，诸如你能成为什么，或者你能完成什么事情，往往是在你过往经验的基础上形成的。你很有可能会按下生活的"重放"按钮，使自己回忆起过去某些糟糕的经历，提醒自己有些事自己做不成。记住，你的过去并不能代表你的未来。对于任何人而言，要想成功，就只能依靠当前（今天）。

你总会读到很多改变了自己的生活并取得巨大成功的伟人故事。这些人有着各自的过往，假如他们一成不变地坚守过往，那么他们绝不会取得后来的成就。相反，他们相信自己能够成功，过去并不能决定未来。你也有理由相信这一点。

你的过往给你提供了一个吸取教训的机会，仅此而已。

你的过往给你提供了一个吸取教训的机会，仅此而已。如果你像其他人一样，喜欢按生活的"重放"键，你只会让过去的糟糕经历一遍遍重现。过往糟糕经历的重现并无好处，但不知为何，你却一直重现这样的记忆。

一旦你从过去学习到一些东西，那么你在未来就可以用过去的经验来做不同的事情，取得比预期更好的效果。从这个层面上看，你的过去对你完成工作而言，显得十分珍贵，然而条件是你要从过去吸取经验，并且思考你如何才能将所学到的东西运用于未来的实践中。

关键是，当你回忆过去的好坏经历时，应该问问自己："我从这种经历中学到了什么？我怎么能把经验运用于未来？"通过这样的自我询问，你过去的经历就开始变得具有利用价值，日后可以运用从中所学到的经验，把事情做得更好。

与此同时，你会发现，一旦你运用从过去所学到的经验，你就不会那么频繁地去重温过去的经历。你脑子里不会像以往那样认为回顾这些经历会带来多大的好处，重复回忆的动力也大大减少。原因何在？因为你已经从那段经历中学到了一些东西。

你可以利用神经语言程序学（简称NLP）上的一个技巧帮助自己从过去的事情，特别是那些糟糕的经历中，学到经验。简单地说，就是请你在脑子里重温一遍某个特殊事件。但这一次，你看待这件事时，应该像坐在电影院里旁观发生在电影里的事情那样，假设别人正在扮演着你自己。通过这种方式，你可以学会客观地看待所发生的事情，帮你更容易地明白从这一特殊事件中所能学到的经验。因为你的思想并不陷于其中，而是旁观事件的发生。

这种方法听起来有些奇怪，你可能会犯嘀咕：

"这能行吗？"答案是肯定的。当你能以看戏的角度去看待某件事情时，这一事件本身对你的影响就会变小。为什么呢?因为你不再把这个事情当成是你的，而是把它当做别人的事来看。把某事当做别人的事来观察，有助于你更快地从中学到经验。

一旦你从过去的糟糕经历中得到新的收获，你就会忘记这些糟糕的事情，并集中精力关注现在，关注今天。

记住，你的成就只能靠今天去取得。过去的经历仅仅有助于我们学习经验，并把经验运用于现在，把当前的工作做得更好。这就是你今天所要做的事情，每一天你都在创造自己真正想要的未来。

从过去学习经验，集中精力关注现在。当前的每一天都在铸就着你的未来。

1. 不要一遍遍回忆过去的经历，要关注现在。
2. 假如你在回忆过去的某段经历，那么请关注你所能汲取的经验，而不是停滞不前。
3. 任何的成功都要依靠现在的努力去完成。

真谛

12

你的信念有多强，
你的成就便有多大

■ 如果说你的信念能够决定你能取得的成就，那
么毫无疑问，你的信念有多强，你的成就便有
多大。这句话阐述的道理有着巨大的分量，它对你生
活中所能取得的成就同样影响巨大。大多数人目标很
大，却往往自信不足。当你的目标远远压过了你的
自信时，那么你的目标实际上只能称得上是一个美
好的愿望罢了。

《美国教练》一书中，丹·莱尔（Dan Lier）的
故事充分表现出了自信强弱的概念。丹过去执教于托
尼·罗宾斯的一家分公司。他约了训练组里一个非常
成功的组员次日与他共进早餐。丹总是喜欢和成功的
人交谈，希望能从他们身上了解更多有关如何成功的
经验。

交谈之间，这位成功人士向丹提了一个有趣的观
点。他说："我并不知道你的人生想做什么，或是你真
正想得到什么，但是我现在想告诉你一件事情。不管
你工作有多努力，做了多少要事。只要你脑子里盘算
着一年挣10万美元的话，那你永远也拿不到25万美元
的年收入。"这种论述着实给丹带来了很大触动，他
觉得这个观念是绝对正确的。实际上，丹接受了他学

到的这一点，坚定了自己的信念，而后取得了巨大成功。

数据重要，但数据与数据之间的差异更加重要。你做事情绝不可能逾越自身的信念。而谁掌控着你的信念呢？答案是你本人。美国地产大亨唐纳德·特朗普（Donald Trump）说："假如你非要筹划些什么，那么就筹划点大事。"

> 你做事情绝不可能逾越自身的信念。而谁掌控着你的信念呢？答案是你本人。

假如你研究从一流大学毕业的当代工商管理硕士毕业生的能力和技能时，你会发现，他们所具备的能力和技能非常相似。是什么促成他们每个人未来取得不一样的成就呢？

假如你看透他们的思想，并理解每一个毕业生的真实信念，那么你就会看到区别在哪儿。毕业生的目标大小总是受制于他们信念的强弱，这种信念实际上主导着他们能完成的事情的大小。

你看到许多人在自身的学习上投入时间和金钱，但是往往却缺少那种有助于自己运用所学、达成心愿的信念。应花点时间思考本章一开始那些话，并问问自己："我自己有发挥自己的能力及技能达成心愿的信念吗？"

可以看出，信念是一种"确定感"。当你的信念很弱时，你对是否能达成心愿的"确定感"程度就会很低。当你的信念强烈时，你对达成心愿的"确定感"程度会高很多。

假如你的能力和技能能够使你取得更多成就，问题就不在于怎么提升能力和技能，问题在于你的信念不强，即你能完成工作的确定感不强。

你的目标应该始终是使你树立与你的潜力相匹配的信念。

这时你需要继续拓展自己的信念，因为你体内具有成就任何你想完成的事情的潜力。你的目标应该始终是使你树立与你的潜力相匹配的信念。莱斯·布朗（Les Brown）概括得最好："人们失败的原因不是他们的目标过高而没有实现，而是因为他们的目标低得不能再低。"你的信念决定你的目标，最终决定你的成就。

成功的大小始于信念的强弱。假如你的信念还没有强到可以助你实现自己渴望的成功，那么你便只会有些小打小闹的行动。

1. 总是以你对成功期望的大小为基准，树立相应的信念。
2. 目标定高些，增强信念达成目标。
3. 记住，实际上，信念便是一种确定感。

真谛

13

态度是你面向
世界的窗口

态度是完全由你自身掌控的一种情绪。每天你离开家时，要选择以怎样的态度面对外界，这完全由你自己来决定。带着一个好的态度进入外面的世界，就如同你的车子装了一块水晶般清亮的挡风玻璃，令自己看得清，看得远。态度是你面向世界的窗子。

　　态度的选择权掌握在个人手上，有一个故事可以很好地说明这一点。一位老妇人更换了退休的住所，和新家的仆人一起走过门厅。仆人向她描述着她的新家，包括家具、墙壁的颜色、窗外的风景等。老妇人说："我肯定会爱上新房！"仆人回应道："您怎么那么肯定呢？您甚至还没有看过房间。"此时，老妇人回答道："我对房间以及生活的态度都是我的选择。这是我可以先行决定的东西。"

　　态度是一种选择，是你可以提前决定的事情。有太多的人任由结果和环境来主导他们的态度。假如你总是任由结果和其他人主导你的态度，那么这就像你屈从于让别人来领导你的生活一样。绝不要让外界的环境和人来决定你该如何看待自己。

　　有时候，态度比其他的因素更具影响力，它决定着你今天能做到哪些事情，因为态度让你对事物保持

积极性，并让你集中精力干手头的
事情。然而，态度并不是你与生俱
来的东西。要保持积极的态度，你
需要积累积极的经验。

要保持积极的态
度，你需要积累积
极的经验。

　　这就是为什么你常常会发现，许
多成功人士翻来覆去研读一本书，或者反复聆听一段
乐曲。实际上，一些非常成功的人总是上哪都会带上
一本对他们影响最大、改变了他们人生的书籍。他们
将该书一读再读，并且每读一次，他们的认识和见解
也就随之增长一分。

　　有两种态度可以使你每天都充满动力：

1. **做最好的自己**——当你在任何情况下都能向他
   人呈现最好的自己时，你会发现你的态度将会
   十分出色。任由他人来决定自己的态度，世界
   上这样的人实在太多了。应该下定决心，在任
   何情况下都做最好的自己。

2. **做自己愿意与之相处的人**——还有一个关键的
   态度是做你想要与之交好的那类人，因为若本
   着这样的态度，总是能吸引别人来帮助你。

　　没有人能够只凭一己之力做完自己生活中想完成
的一切事情，你总是需要别人的帮助。良好的态度好
比磁铁，会吸引别人来帮助你。当你表现出良好态度

良好的态度好比磁铁，会吸引别人来帮助你。

时，你就会吸引别人帮助你实现目标，实现你所追求的生活。同时，你的态度也决定着你会遇到怎样的机会。

你的态度由你自己选择。选择积极的生活态度应对每天的生活。

1. 选择你的态度，不要让他人和环境替你做决定。
2. 保持积极的态度，每天积累积极的经验。
3. 态度决定了你看待世界的方式。 ■

真谛

14

一切行动始于

你的思想

任何成就的取得，最初都离不开头脑的思想。可以说，你思考的质量决定了你行动的质量。换言之，生活中进行的高质量思考越多，那么你能完成的事情也越多。《结果的法则》作者詹姆斯·艾伦（James Allen）说得最妙："你的思想带你成就了你的今天，同样的，它会带着你成就你的明天。"

许多人在生活中并没有真正花时间进行任何高质量的思考。试想一下，如果自己从不花时间去思考一件事，那么你往往按自己的习惯来采取行动。如果不改变自己的生活习惯，就意味着你将会反反复复地做千篇一律的事情，所达成的也是一成不变的效果。

假如你每次都驾着车沿一条路线来回驶过草坪，那么草坪上逐渐会留下一道车辙。实际上，假如你不花时间进行高质量的思考，你便会在自己的人生中形成同一的车辙。你的习惯会把你引入一个越来越深的车辙当中。

要想更好地完成该做的事情，你也需要更好地进行高质量的思考。

此外，要想更好地完成该做的事情，你也需要更好地进行高质量的思考。大多数人倾向于逃避思考，原因是思考有的时候特别费神。但别忘了，所有行动都始于思想，思考的质量决定着你行动的质量。

你的思考能使你主动去应对生活，而不是被动地接受生活。集中精力思考你自己想要做什么，而不是简单地思考你可能需要做什么，这一点非常重要。应该从预期结果倒推，思考自己需要取得怎样的成就。当你注重进行高质量的思考时，你通常会迸发出更多的好主意，事半功倍地实现预想的效果。

你会每周或每天都专门抽出时间进行思考吗？一旦你花时间进行高质量的思考时，你就逐渐会得出一些有助于实现关键目标的想法，甚至可能会采取一些必要的具体行动。好记性不如烂笔头，老老实实花点时间，把所有想法写下来。

成功人士总是喜欢把自己的想法写下来，因为他们知道，正是他们的这些想法铸就了他们的成就。写下的想法越多，就越有可能驱使他们付诸行动。行动是最重要的，不是吗？

成功人士总是喜欢把自己的想法写下来。

戴维·艾伦（David Allen）在他的书《尽管去做——无压工作的艺术》中讨论了考虑"下一步行动"的必要性。很多时候，你在思考自己需要做的事情时常常缺乏一个明确的方向，从而耽误了自己根据想法采取行动。当你进行有质量的思考，考虑一些行动方案时，你最好多想想能落实、推进你的想法的下一步行动。假如你对下一步行动的认识很模糊，那就要不断地问自己："下一步行动是什么？"戴维·艾伦指出，你的下一步行动通常都是些十分简单的事情，例如，打个电话，发个邮件，和某人见个面等。当你分解出"十分简单"的下一步行动时，你就会有可能真正花时间予以践行。

现在就下决心，决定你将如何花更多的时间进行更多高质量的思考吧。制定自己每天、每周的时间表，对想要获得的关键结果进行高质量的思考，实现你所期待的成功。假如你让这种思考成为你的习惯，那么你会发现你的行动也会有所变化。思考的质量决定着你行动的质量，最终决定着你的成就。

花时间进行高质量的思考：

1. 每天专门抽时间进行思考。

2. 把你想过的所有点子都写在纸上。

3. 现在就决定如何践行这些想法，即下一步采取哪些行动。

真谛

15

积极的想法会
驱散消极的想法

积极的想法很管用，其中一个最大的益处是：当你脑子里到处都是积极的想法时，消极的念头就毫无立足之地了。保持着积极心态的人善于将消极的信息来源自行过滤，而只关注那些有益的信息。

实际上这些都是常识，你在自己生活中肯定也有所认识。当你很积极时，你会觉得自己的身体状态更好，同时发现自己做事更主动。相反，当你思想上很消极时，你通常会觉得自己状态不好，做事主动性也会下降（二者截然不同）。

大多数人倾向于反反复复思考的，往往是发生在自己身上糟糕的事情，而不是好的事情。这是为什么呢？所有的负面新闻，以及世界上的一些负面事件常常会让你感到失落。但是大部分"糟糕"的思绪并不是外界所为，而是你自己造成的。

就像我们刚刚提到的，当你的状态不那么积极时，你做事就不会那么主动。假如你想把事情做得更好，就得保持积极的思想状态，这是一件大有裨益的事。

有时你没有必要刻意要求自己思想积极，只需在日常生活中避开负面的思想，留出思维空间思考积极的事情即可。杰瑞·克拉克（Jerry Clark）在www.tstn.com以及www.clubrhino.com他的节目《像巨人一样思考》中谈论过一个极好的概念，即"精神斋戒"。杰瑞建议，面对电视和报纸上的各类负面

只需在日常生活中避开负面的思想，留出思维空间思考积极的事情即可。

信息，个人应适时进行避而远之的斋戒。何不打定主意，在一个月内不去关注电视和报纸上的任何消极消息呢？在很多情况下，正是这些消极信息耗费了你的精力，而让你不能积极思考。规避消极信息，杜绝消极信息进入你的思想，你自然而然就会变得更加积极。这是一个过滤糟糕的信息，转而关注好消息的好办法。

与此同时，你得花更多的时间自我提高，读书、听音乐，帮助自己成长，保持积极性。成功人士和那些杰出伟人总是为他们自己的思维灌输大量的积极经验。在他们看来，积极经验好比是成功的食粮，而没有食粮，就无法长期坚持下去。他们认为，要想保持自己的成功，就必须不断给自己灌输积极经验，以持续激励他们采取行动。

保持积极性、主动性并不是你想当然就能做到的事情。不管是自我提高还是积极的阅读，都绝对不能三天打鱼两天晒网。要每一天都保持积极性，你需要每天都摄取正面的信息。

要每一天都保持积极性，你需要每天都摄取正面的信息。

记住，每天都要让你的思想摄入积极的信息，这才是关键。这些积极的信息来自于你所读到和听到的内容，来自于与他人交往而了解到的东西。当你让自己摄入积极的信息，逐渐去思考更积极的东西时，你就不会有任何精力再想消极的事情。

尽力让自己摄取积极的信息，你会发现自己每天都越来越有动力，从而去采取必要的行动，实现自己的人生理想。

保持积极性，使自己的思想保持最佳状态，积极行动：

1. 摄取正面的信息与经验，避免消极思考。
2. 积极的思想让你有动力采取更多的行动。
3. 假如你不断地摄入正面的信息，那么你就没空去思考消极的事情。

真谛

16

你所学到的东西，
只有在付诸行动时
才会发挥作用

假如你只依赖于你的自身经验，那么你绝不会在生活中学到足够多的东西。你所读到的、听到的，以及你所遇见的人，都会对你的所学及日后所能取得的成就造成巨大影响。然而，你所学的一切只有在付诸行动时才会发挥作用。

假如只要学习新的东西就能帮助我们更快地获得成功的话，那么世界各地的图书馆里肯定会人山人海。你所学的东西是很重要，但只有把它们运用到行动中，才会实现你期待的成功。关键要把所学知识转化为实际行动。

关键要把所学知识转化为实际行动。

个人的学习往往有两种途径：

1. **通过自我提高**——自我提高涉及到你所读的书，你听的材料，你看的学习视频材料或高质量的电视节目。成功的人总是活到老，学到老。他们知道，自我提高会让他们在生活中进步，达到目标，并获得渴望的成功。对你也是如此。

   在做事方面，你的成就和能力往往与你的

自我成长直接相关，而其中一个重要内容就是
要制定自我提高的计划。

　　单单学习是远远不够的，还要学以致用，
这里有一条你可用来自我提高的诀窍：当你在
进行自我提高、阅读、聆听或观看有趣的事
时，突然停下来问自己以下这个问题："我怎
么能把它运用到我的生活中呢？"

　　若你仅是去听有趣的事情，而不去对其进
行深入思考，那这些事情往往就烂在脑子里，
仅仅被你视作是一件"乐事"罢了。这些事也
许包含了一些对你有用的信息，但你当时并没
有思考如何将其拿来为我所用。何不在你的自
我提高过程中把这一步骤加上呢？

　　问问自己："我如何能把它应用到我的生
活中呢？"假如你能够这样去问自己，并思考
你可以采取哪些方式去学以致用，那么你实际
上就把这件事从"乐事"变为了一件"有待作
为"的事情。

　　你的大脑会把你所学的东西和你将其加以
运用的各种办法（行动）紧紧相连，并将其储
存起来。日后你会看到它背后的强大力量。一
旦你碰到与所学内容有关并能予以运用的情
形，你的大脑就会为你提供一个可行的方案
（如魔法般神奇）。为何会这样呢？因为你已

经把所学内容界定为一件"有待作为"的事，而不仅仅是一件有意思的事。

何不在你自我提高的过程中试用这条诀窍，把所学内容转变为一件"有待作为"的事呢？

2. **通过你的生活经历**——第二个方法是从你的生活经历中获得学习经验。这些经验来自于你日常生活中的互动，以及一些重要的与他人建立起的关系。

你可以运用上面提到的相同的诀窍进行自我提高。每一天，当你遇到一些重要的事情时，不妨问问自己："我从这件事中学到了什么，我怎么能把学到的东西运用到生活当中去呢？"

这只是一个简单的自我提问，但是它却意义重大，决定了你在未来是否能把从生活中所学的东西予以充分运用。

多问问自己："我如何能把它运用到自己的生活当中？"这有助于你把所学内容转化为实际行动，在未来的生活中做好更多的事情。

要把所学内容运用于实践中，你应该：

1. 在自我提高的过程中，问自己："如何能把它运用到我的生活当中？”

2. 在积累生活经验的过程中，问自己：“我从这段经历中学到了什么，我怎么能把学到的东西运用于生活当中？”

3. 一旦运用所学，你便能做更多的事情。

真谛

17

事事想在前头，
化被动为主动

古语有云："凡事预则立，不预则废。"这话很有道理。你做事的能力归根到底取决于你是主动地去生活，还是被动地去应对生活。一旦人们采取积极的生活态度，为实现目标而事事想在前头，他们就会获得更多的成功。

对于很多人而言，生活似乎总是悄然出现，令自己无从把握。在生活中，他们总是被动地去应付遇到的事情，之后又感到纳闷，自己做的为何往往不是自己想做的事情。究其原因，他们只是在被动地应付他人，只是在做别人想要他们做的事情。你听起来是否感同身受呢？你会觉得自己做别人想做的事情多于自己真正想要做的事情吗？

当今世界，生活节奏是如此之快，你需要每件事都想在前头。制定自己每周的计划时，应确保当中包含了自己想要完成的任务，而不是仅仅做别人想要你做的事情。事事想在前头会使你做事主动，避免被动。

每周都要提前想想并提醒自己，下周哪些事对自己最重要，进而对自己的关注点作出调整。可以说，自己最重要的思考活动之一是不断对关注点进行调整。记住，关键是实现关注点管理，而非时间管理。

你在确立关注点及保持关注上花些时间，所得到的回报将不止十倍，会大大提高你未来一个星期的行事效率，使你完成更多的工作。

你预先思考所花的时间，是用于进行高质量的思考，以实现你所想的一些关键目标。这些关键目标能让你更接近梦想，促使你采取行动去实现目标。你还记得吗？诺亚（Noah）并不是等到要下雨了才开始建造方舟。他提前做了计划，并随后采取行动去执行计划。

> **你预先思考所花的时间，是用于进行高质量的思考，以实现你所想的一些关键目标。**

提前思考不仅有助于你做事更有效率，还能使你得到他人更多的帮助。当你预先思考时，你通常会有更多的时间去筹划利用别人的帮助，完成更多自己想要完成的事情。你想要完成什么工作，通常决定了你需要做什么事，又能从别人身上获得怎样的帮助。提前思考有助于你制定行动计划，将自己和他人的效率发挥到极致，尽可能完成最多的事情。

最后，当你的工作重点发生变化时，预先思考能使你迅速调整时间分配上的关注点。许多人都在谈多任务工作能力，实际上在一个时间点上你真正能做的往往只是一件事，只不过有的人能够极为迅速地调整自己的聚焦点罢了。预先计划，能让你提前思考好一切，使你快速地从一项任务转移到另一项任务（重新快速聚焦）。

你看到的大多数高效能人士都很善于重新快速聚焦。他们在预先思考上所投入的时间使他们能明确地指导自己需要做什么事情，如何完成任务，因为他们已经提前有了计划。这种做法使他们能够从一项任务重新聚焦到另一项任务，转换速度非常快。原因在于他们已经想过要做什么，他们没有必要每次换任务时再临时去想要做什么。他们只需要让自己的思想重新聚焦到新的任务上即可。这样能使他们快速地采取行动。

你重新聚焦做得越好，那么你每天能做完的事情就越多。

你自己也能够这么做。通过提前花时间思考自己需要采取哪些关键方案，你也能快速重新聚焦任务。你重新聚焦做得越好，那么你每天能做完的事情就越多。

预先思考，提前计划，有助于你集中精力做更多的事情。

1. 预先思考有助于你制定更好的方案。
2. 预先思考，提前计划，能使你更有效地计划自己的时间。
3. 预先思考使你能够快速重新聚焦任务。

真谛

18

有了计划，
你便能果断下决定，
迅速采取行动

现实生活中，往往一个计划刚刚出炉的那一刻就已经过时了，因为当今世界发展是如此之快。尽管如此，制定计划的做法能够使你去思考你想要取得怎样的成就。当你将计划付诸行动时，你的计划能让你更好地认清情况，更快地做出决定。

当你提前计划，预先考虑事情时，你通常会去考虑自己可能遇上的情况及可能会有的影响。这会促使你思考自己该采取怎样的方案，来解决任何可能出现的问题，并且有助于你做好更加充分的准备。通过对问题更深刻更广泛的思考，你便能更好地理解你想要完成的事情及你需要采取的不同方案。

对于你生活中的每一天、每一周而言，这种理解力都非常有价值。实际上，你只需要把最新的信息与你已经思考过的情况综合起来，便能更快地做出决策。预先思考、提前计划，能够赋予你更为完善的理解力，让你自信而更加迅速地做出决策，更快地采取行动。

通常，你会发现有些领导能快速理解一些十分复杂的话题，并作出快速决策。对此，你往往会留下十分深刻的印象，认为领导能很快地理解这些复杂的话题，绝对是智慧过人。然而，领导的智商和普通人的智商往往并无二致。原因只是他们花时间提前做了详细的计划并预先思考了话题。这样做让他们能够快速地结合任何新出现的信息，快速作出反应。你其实也可以做到！

更快地做决策的能力及更充分的自信，是你能够完成更多事情的主要因素。你是否经常犹豫不决，迟迟下不了决定？你是否经常由于没有做任何决定而没有采取任何行动？你绝不会看到成功人士在决策上表现得瞻前顾后。为什么呢？因为成功人士明白决策推进着计划，推迟决策意味着耽误行动。

> **更快地做决策的能力及更充分的自信，是你能够完成更多事情的主要因素。**

投入时间提前计划，预先思考，这能让你思考你本周需要做哪些决策。这种投入使你能做一些有质量的思考，并理解促成决策的关键因素及信息。重要的是，必须专门花时间提前计划，预先思考。

大多数成功人士每周至少花半小时预先思考本周可能需要做的决策。这个时候，他们实际上在决定是否需要任何进一步的信息，假如需要，那么他们会立即提出要求。回忆自己的生活，你会多次想起，你快速做决策时很不舒服，这是因为你觉得自己没有掌握全部的信息。提前计划，预先思考，有助于你迅速找到自己还不掌握的信息，并让你更快地作出决定。

1. 预先思考事情，有助于更快地得出结论。

2. 预先思考使你能够迅速整合新信息。

3. 你花了时间预先思考，那你的准备总比别人更加充分。

真谛 19

你不能等到
有了感觉之后
再采取行动

你是否曾推迟做自己明知应该马上要做的事情？大多数人比自己想的要拖拉得多。做事拖沓，总会耽搁你今天所能做的事情，甚至耽搁你当前所能做的事情，使事情延迟完成。一旦耽搁了对自己而言最重要的事情，那么你此时的行为实际上就是把自己的未来变得更加遥远。

成功人士总是以行为作导向，他们不会等到有了灵感之后才采取必要的行动。

成功人士总是以行为作导向，他们不会等到有了灵感之后才采取必要的行动。他们有着自己想要实现的目标，并且一直对这些目标保持关注。对于这些成功人士而言，他们深知，假如他们采取必要的行动，那么灵感就会随之而来，帮助他们实现目标。

你是否经常因为不想做，或者任务艰难不知从何着手，就推迟去完成一个重要任务呢？实际上，你也许会把这个任务搁置几天、几周，甚至几个月。

一个典型的例子就是退税。你认为退税不但困难而且费时，你没有动力去做这件事。而一旦着手开始工作，动力自然而然就会出现，并帮助你完成工作。

做这件事实际上花的时间比你原来预计的要少得多。因此，只要你采取行动开始做事情，你就会找到动机帮助你完成任务。

成功人士十分注意以行动作为自己的导向，同时他们预想，一旦开始做事情，动力就会随之而来，助其顺利完成任务。他们相信，在他们实际着手这项任务后，就自然会找到做事情的感觉。而失败的人的做法恰好与此大相径庭。失败的人总是等到愿意做某事后才采取切实行动。

下面的话将成功人士和失败者进行了界定，你可以总结一下二者的区别：

- 成功人士让行为来主导他们的情绪
- 失败的人让情绪来主导他们的行为

你看出区别了吗？

失败的人穷尽一生总是等待着为自己找个动机，他们只是在自己喜欢做某事时才采取行动。成功人士的做法恰好相反。他们不断地采取行动，大多时候，他们犯的错误比失败者更多。尽管如此，成功人士总是在行动的过程中不断前进，而失败的人只是原地踏步。

再举个例子。让我们看一个发生在许多销售人员身上的事情。销售人员通常得不断与潜在客户进行攀谈，直到发现一位真正愿意购买产品的客户。每当一个潜在客户说"不"时，销售员便会有受挫感。随着销售员听到的"不"字越来越多，也许这种受挫感会越来越严重。很快，销售员开始推迟（耽搁）打电话给潜在客户，而且缩小了电话联系潜在客户的范围。假如你就是这个销售人员，如果你联系的潜在客户越来越少，那么你认为你会有什么样的销售业绩呢？每次你听到否定回应的时候，就会有这样的受挫感。你为了逃避这种受挫感（否定的回应）而越来越少地去联系潜在客户。你让情绪主导了你的行动。

你现在的生活状态，是你已经做出的选择与行动的结果。假如你推后实施对你实现梦想十分重要的那些行动，那么你实际上是要把自己期待的未来变得更加遥远。

然而，只要你提醒自己做以下几件事，你便能做好自己每天需要做的事情，实现生活愿望：

1. 不要等有了动力后再去采取行动。
2. 让行为主导你的情绪。
3. 假如你不及时采取行动，你会落后于那些及时采取行动的人。

真谛

20

你的未来要靠
你今天的行动
来创造

面对一件事，你能回到过去去做吗？不能，昨日已一去不复返。你能到未来去做这件事吗？可以，但是这意味着你将推迟行动，耽搁误事。为自己创造一个不同的未来的唯一办法是，今天甚至此时此刻就立即行动起来。

要实现自己的梦想，关键看你今天以及今后的每一天在做什么事情。一位非常成功的美国大学篮球教练约翰·伍登（John Wooden）说得最妙："让今天成为你的杰作。"

你期待的未来要靠你今天的行动去创造。任何一件你今天没有做的事情实际上都在把你的未来变得更加遥远。过去是已经逝去的，它只是有助于你学习如何把今天的事情做得更好，更好地迎接未来。未来还没有到来，而你的未来取决于你今天所做的事情。今天就是把事情做好的最佳时机。

关键是集中精力做今天你所能做到的事情。

关键是集中精力做今天你所能做到的事情。你在考虑你的愿望（要达到的目标）时应该从大处着眼，从小事着手。成功人士往往关注的是每天能够采取哪些行动，使自己更加接近自己想要实现的目标。记住，成功人士通常有着雄心勃勃的梦想、目标和预期结果，但在现实生活中，他们却把一切都转化为每天必须做的一些能够帮助自己得偿所愿的行动。

你的习惯决定了你每天会做什么事情。实际上，你每天做的大部分事情都是你的习惯在驱使着你去做，而不是你的想法。假如说你今天所做的事情在创造着你的未来，从根本上而言是你的习惯主导着你每天的行动，那么要想每天做更多的事，你就应该从你的习惯开始入手。

你可以问自己一个很好的问题：你现在的日常习惯是否有助于最有效地利用每天的时间？假如你现在的日常习惯对你没有用处，那么思考下你需要做些什么改变吧。

对于大多数人来说，他们的日常生活习惯和行为方式所缺少的部分大多关乎到自律的问题，更具体地说，就是缺少自律性。为什么不问问自己："在哪些日常生活习惯中，我不能自律地去做那些必要的能让我接近目标的事情？"

除此之外，关键是要找到这一问题的答案，并把它写下来。如果你这样做，你就会发现这将为你每天所取得的成就带来巨大改观：

1. 列出你的日常生活习惯以及你所需要的自律。

2. 定下来之后，每天在早餐时间、午餐时间、晚餐时间及睡觉前分四次对清单进行回顾。

通过回顾相关习惯和自律行为的清单，会促使你针对它们采取必要行动。当你已经在做清单上的某事时（例如用餐等），不时提醒自己去回顾这份清单，你就不会再为自己找借口不去回顾清单。

你越频繁地提醒自己你的关注点（特别是日常生活习惯），你就会越多地去加以落实。

记住，你每天给自己定的关注点决定了你每天做到哪些事情。你越频繁地提醒自己你的关注点（特别是日常生活习惯），你就会越多地去加以落实。

现在才是行动的最佳时期，把每一个今天加起来，就是你的未来。

1. 关注最有效地利用每一天。

2. 你今天所做的事情，创造着你的未来。

3. 让习惯发挥作用，助你每一天最有效地利用时间。

真谛

21

自律就是在
恰当的时间
做该做的事

■ 假设你有了出色的点子，规划好了正确的目标，并且行动方案也到位了。这一切都很好。但是，你还需要对自己进行自律，以期在恰当的时间做该做的事。做自己喜欢做的事情时，每个人都会充满动力，也很自律。但是想要真正把事事都做好，你还得去做一些其他该做的事情。托马斯·爱迪生（Thomas Edison）说过："成功的人养成了做失败者不愿意干的事的习惯。"

身为演讲家和作家的吉姆·卡思卡特（Jim Cathcart）提出了一个伟大的问题："我想要成为的那个人会怎样完成我将要去做的事情呢？"一次，吉姆做完演讲后，其中一个听众问吉姆是否有什么口号或者格言能够每天激励自己。吉姆回答说，他自己没有任何口号，相反，他向那位听众提出了上述的那个问句。

做必须做的事情，这非常关键，但是为什么必须去做这件事呢？答案就是你为自己所界定的成功，包括你渴望的成就和你想拥有的生活方式。所谓必须做的事情就是你每天都需要做的、能带你接近梦想的事情。吉姆·卡思卡特的问题是让你关注必须做的事情并激励自己去把事做好的最好方法之一。

"我想要成为的那个人会怎样完成我将要去做的事情呢?"

之所以会自律自己做必须做的事,原因在于你有着强烈的理由要实现自己的目标。为了获得成功,达成所愿,你往往要做一些必须做的事,必要时甚至还得去完成一些自己不喜欢的任务。成功的人和失败的人之间的区别通常就在于此。

> 之所以会自律自己做必须做的事,原因在于你有着强烈的理由要实现自己的目标。

成功的人愿意做失败的人所不愿意做的事情。

做事的理由决定了做事的意愿。理由得足够有力、充分,才能激发意愿,去做必须做的事情。假如你发现自己没有做你明知自己应该做的事情,那么就得反思并为自己找一个要实现梦想的更为有力的理由。

理由会给你带来力量,去做该做的事情。应该为自己打造一个足够有力的理由,这样的理由能使你充满动力,在恰当的时候去做该做的事。

很多人总是推迟、耽搁那些实际上应该做的事情,而恰恰就是这些事情能够让你更加接近梦想。可以把这些事情称作你必须面对的魔鬼。对于你而言,它们就是魔鬼,因为你总想着躲开它们。然而,这些"魔鬼"却恰恰是你绝对需要做的事情。

就此,有一个解决的办法:每次都首先关注那些你不喜欢却又必须做的任务。假如你形成了每天先做这些事情的习惯，那么剩余的事情就轻松多了，剩下的都是你自己喜欢做的事了。先把那些必须面对的"魔鬼"处理掉，你每天就能做完更多事情。

先把那些必须面对的"魔鬼"处理掉，你每天就能做完更多事情。

为什么不把那些必须做的事情列个清单，并把清单放在便于每天提醒自己的地方呢？

每一天，优先去做必须做的事情。

带着自律去做必须做的事情，这是成功的基础。

1. 自律不易，但总不如事后后悔不迭痛苦。
2. 追求成功的理由能使你充满动力，并约束自己去做该做的事。
3. 没有哪个成功人士是一个不能自律的人。

真谛

22

你塑造了你的习惯，

习惯反过来塑造你

■ 你每天在做些什么，做成了哪些事，这很大程
度上取决于你的习惯。人们通常会说，通过观
察一个人的习惯，你就可以判断他将来会取得怎样的
成功。倘若真的是这样，那么可以说，你塑造了自己
的习惯，而习惯又反过来塑造你。

假如不首先改变自己的一些习惯，在你的一生中，你绝不可能真正取得伟大的成就。

我们常常发现，人们总是做着同样的事情（习惯），却又期待着能有不同的结果。假如不首先改变自己的一些习惯，在你的一生中，你绝不可能真正取得伟大的成就。

专家认为，形成一个新的习惯，至少需要28天的时间。养成一个新的习惯，意味着你得不断地反复去适应一件让你觉得不舒服的事情，直至让自己觉得舒服起来。

要是你不首先改变自己的习惯，你不可能真正改变自己的生活，并且完成更多的事情。假如你每天做同样的事情，那么你只能预期出现同样的结果。阿尔伯特·爱因斯坦（Albert Einstein）把这种情况定义为："精神错乱：一遍又一遍地重复同一件事，却期待出现不一样的结果。"

假如你想要不同的结果，那么你需要决定养成什么习惯。假如你决心改变自己的习惯，并坚持这个习惯28天，那么你就有条件获得不同的结果。

喜剧演员杰瑞·宋飞（Jerry Seinfeld）身上有一个典型的习惯养成的例子。杰瑞知道，成功对于他自己来说，就是写出更有意思的笑话，而要想写出更有意思的笑话，就得每天坚持去写。他有一个窍门，不管你喜不喜欢这个窍门，都建议你用它来鼓舞自己。他用了一套独特的日历记录法来督促自己写作。具体原理如下：

杰瑞有一张包含了整年日期的日历和一支红笔。当他写了笑话时，就会在当天的日期上画一个红色的大叉。杰瑞说："连续这样标记一段时间，这些红叉就会形成一个链条。一天天坚持标记下去，这根链条就会变得越来越长。你会慢慢喜欢上这样的链条，特别是当你坚持了几个星期之后。你接下来的工作仅仅只是别使链条中断。""别使链条中断。"杰瑞强调道。

何不开始为那些给你生活带来巨大改变的重要习惯画个链条呢？实际上，大多数人在自己选择的事业上不能取得成功，就是因为缺少一个或两个关键习惯。而这些习惯往往更多地与个人性格有关，不是他们的其他能力。研究一下成功人

大多数人在自己选择的事业上不能取得成功，就是因为缺少一个或两个关键习惯。

士的核心性格特征，我们会发现他们都有两种特质：

自律与**决心**。

所有成功的人都下定了决心，要做实现目标所需要的一切必须做的事情。他们的这种决心旁人是看在眼里的，因为可以看到他们高度自律，且为了保证该做的事情得到完成，他们在日常生活中形成了良好的习惯。

可以看到，正是习惯使这些成功人士取得了巨大的成功。他们塑造了习惯，而习惯塑造了他们的成功。

你也可以这样做。假如你培养了正确的习惯，那么习惯就会塑造你，成就你渴望的成功。

学会关注自己的习惯，你的习惯会使你获得成功。

1. 你的习惯是你行动的基础。
2. 你的日常行动造就你期待的成功。
3. 你塑造了自己的习惯，习惯反过来塑造你自己。

真谛

23

多一点点付出，
结果便大不同

在体育界，尤其是奥运会著名的100米竞赛，冠、亚军的区别仅仅是零点零几秒的区别。冠军只是快了一点点，但结果却是天差地别，因为很少有人记得住比赛的第二名是谁。

你觉得是什么成就了时间上的毫厘之差，进而导致出现失之千里的结果呢？原因往往是冠军在备赛时付出了一点点十分重要的额外努力。或许是每天额外的15分钟的拉伸，也有可能是禁食那些自己喜欢却不健康的食品，亦或是比赛前一天在做准备时的一些小区别而已。

第一和第二的区别常常只是因为一个人比另一个人多了一点点自律性。

许多人认为，不管是竞技体育还是生活，第一名和第二名间的区别都非常大。但这种巨大的差别往往是一点点额外的事情所造成的。第一和第二的区别常常只是因为一个人比另一个人多了一点点自律性。

想想你自己的例子，想想自己平时是如何为工作会议做准备的。一场会议成功与否，往往要看会前是否做了准备工作。实际上，这种准备并不会花很多时间，但是假如你不强制自己去做，你就不会去准备。

这种不起眼的额外准备工作决定了一个会议的成败。

再举一个例子。销售人员深知，对一个消费者的了解越深入，他们向顾客所提出的问题就越能反映该顾客的需求，也越能体现他们的产品和服务切实对顾客有所裨益。然而，销售人员却并不总是去做这些准备，因为要做准备，总需要花一点额外的时间，比如上网去查找将要拜访的消费者个人或公司的一些信息。此外，对于销售人员来说，每天多打一个销售电话也是非常重要的，而很多销售人员要么不会、要么不愿意往自己的日程添上打电话这件事。

假如你想想自己生活中的类似情况，就会发现，无数看起来不起眼的额外努力都会造成大不同的情况。关键是要强制自己去做那些看起来微乎其微的额外努力。假如你这样做了，那么你就会使自己区别于那些不这么做的人，通常就是其他大部分人。

有一个非常基本的概念可以说明这一点。假如你做的事跟别人没有任何区别，那么你只能是普通人中的一员。假如你一直都随大流，那么你就很难去做一点点额外的努力，真正让自己脱颖而出。为什么不令自己与众不同，下决心去做一些能使你脱颖而出的事情呢？

为什么不令自己与众不同，下决心去做一些能使你脱颖而出的事情呢？

制定一个目标，使自己每天都做一点点额外的事情，这将为你自己的生活和未来的成功带来巨大的不同。一点点额外的努力往往不是难事，但却通常是很难做得到的简单事情（需要额外强迫自己去做的事）。

学会付出那些别人不愿去做的额外努力。

1. 每天多一点付出，结果就会大不相同。

2. 努力去做别人不愿意做的事情。

3. 把付出额外努力变成一种习惯。

真谛

24

没有真正失败的人，
只有半途而废的人

在与成功企业家进行对话时，他们往往会跟你谈起一些事态往糟糕的方向转变时的关键时刻，说当时很多人认为他们应该退出。但是他们没有退出，反而继续采取行动，因为他们相信，只要长期坚持下去，他们便会成功。

美国总统亚伯拉罕·林肯（Abraham Lincoln）的一生是典型的例子。他之所以出名，是因为他执政时期是美国历史上最困难的时期——内战时期。林肯一生中经历了很多挫折。实际上，他经历的挫折比我们许多人几辈子经历的挫折加起来还要多。稍微一列举，我们便可发现，林肯经历过两次生意失败，七次选举失败，精神甚至彻底崩溃过。然而，他坚持了下来，之后成为了美国总统，原因是他继续行动。他从未放弃。

大多数人在成功面前止步，都是因为他们自己放弃了。假如你读过一些成功企业家的自传，你会发现，很多时候如果他们放弃采取行动的话，他们可能早就一败涂地了。在他们的一生中，许多人至少会面对一次非常严峻、看似无解的挑战。然而，他们并没有放弃，而是继续采取行动，直到他们找到办法克服挑战。

每个人的人生都会遇到需要克服的挑战，而这些挑战通常会让你变得更强。成功人士的与众不同之处在于，不管面对什么样的挑战，他们有恒心继续坚持下去。他们深信，他们能够战胜前行途中遇到的任何挑战、任何问题。

我们再看看林肯的例子。他也有可能放弃竞选，屈从于生活中所遇到的诸多困难。当今社会，我们可以看到许多人屈从于生活，而实际上他们面对的挑战跟林肯相比简直是小巫见大巫。然而，林肯一直坚信自己的人生定能有所作为，并选择了继续坚持。

半途而废，这才是真正的失败。生活中取得成功的人都是有恒心的人。他们会坚守对于他们而言重要的事情，因为他们深信自己将最终实现目标。

每个人在自己生活中都会遇到问题，你要实现的目标越大，那么你需要解决的问题也越大。许多人的想法恰恰相反。他们认为，他们取得的成功越多，那么他们遇上的问题就越简单。你的生活中总会碰到问题或挑战，目标有多大，这些问题和挑战就有多大。

生活中取得成功的人都是有恒心的人。

成功者和失败者之间的区别在于他们看待问题和解决问题的方式不同。身为牧师和作家的罗伯特·舒勒（Robert H. Schuller）说："问题不是拦路虎，而是引路牌。"把问题看做拦路虎的人总是会很快放弃，而且常常是在成功开始向他们招手的最关键的时候停步，他们差的就是一点点坚持。

不放弃的人是有恒心的人。恒心来自于他们对成功的坚定信念。你也办得到。当你放弃继续采取行动时，才是真正的失败。

主动放弃，这才是失败。

1. 当你停止采取行动时，你才会失败。
2. 当别人放弃，而你不放弃的时候，成功就会到来。
3. 行动是面对任何挑战和问题的办法。

真谛

25

养成新的习惯要比
打破旧有习惯容易

大多数人身上都有一些自己不希望看到的习惯。很多人可能已经数次试图去打破这些习惯，却每次都是无功而返。要打破一个习惯，你必须一直想着不去做某事，想着这是你必须停止做的事。一直想着不要去做什么，以破除你的习惯，这个方法听起来很不错吧？

实际上，很有可能正是你的一些老习惯阻碍了你把事情做得更好。还有一个更加容易的解决办法，就是培养一个可以代替老习惯的新习惯。假如你关注培养新习惯，那么你就会注意积极的事物，创造新事物，而不会关注消极的事物，不做你不应该去做的事情。

你可以在其他人的生活中，甚至在自己的生活中发现很多这方面的例子。

举个例子。一个人想要戒烟，某种程度上，吸烟令人成瘾的确是个问题，但戒烟未果的更关键问题是人们仅仅是不断地提醒自己不要去吸烟。而相比之下，许多成功戒烟的人用其他事情代替了吸烟的习惯。比如有的人有抽烟的冲动时，就去散会儿步。

减肥也是同样的道理。一个人的注意力仅仅停留在不该吃什么东西上面，那他绝不能真正成功地坚持减肥，减掉他们预期的重量。真正减肥成功的是那些下定决心为自己重新换一套饮食的人，而不是试图减少摄入他们过去吃的，或是喜欢的某些食物。

重要的是，用新习惯代替旧习惯的人能更好地把新习惯坚持下来。

以上的例子谈的都是培养新的习惯，而不是去克服或压抑老习惯。有些例子关系重大，比如戒烟和减肥。然而，日常生活中，你还有着许多看似不起眼却会妨碍你实现目标的小习惯。

针对你的现有习惯，应经常问问自己："我的习惯是否有助于让我接近我所渴望的事情，有助于拥有我自己想要的生活方式？"每一个习惯都要这般问一遍。假如发现该习惯不能帮助你接近自己的梦想，那么它便是被替换的目标。

再者，对于那些不能帮助你接近自己的梦想的习惯，应考虑用有益的习惯予以替代。记住，我们生活中的一切事情，首先是始于我们的思考。花时间去思考自己的习惯，能够使你养成一两个有助于你在未来的生活中取得成功的新习惯。

要破除旧习惯，应注意培养新习惯取而代之。

与其想方设法去克服一个旧习惯，还不如培养一个新习惯予以代替来得容易。

> **用新习惯代替旧习惯的人能更好地把新习惯坚持下来。**

1. 坚持考虑用新习惯来代替旧的陋习。
2. 关注新习惯往往比克服旧习惯更为有效。
3. 代替通常比费尽心思克服来得更为容易。

真谛

26

多去适应别人，

人际关系便会

更加和睦

你的生活离不开这样或那样的关系，不管是事业关系，还是个人关系。你与他人相处越和睦，你就会越信任他们，同时他们也会更信任你。回想一下，你是否一直都是这样来处理自己所有朋友之间的关系？答案可能是不一定，你也许需要去学如何与新认识的人建立更好的关系，不管是在事业上，还是在个人生活上。

大家都知道一条金科玉律，即"己所不欲，勿施于人"。身为演讲家及作家的托尼·亚历山德拉博士（Tony Alessandra）提出了一条"白金定律"，那就是"己所欲，方可施于人"。托尼强调了与他人建立更为良好关系的关键所在。你可能喜欢人们对待你的某种方式，可有的人却不一定喜欢他人以这种方式对待自己。他们想要你以他们自己喜欢的方式来对待他们。

你可能喜欢人们对待你的某种方式，可有的人却不一定喜欢他人以这种方式对待自己。他们想要你以他们自己喜欢的方式来对待他们。

很常见的一种情况是，人们希望别人能喜欢他们所喜欢的事物，并按他们自己的方式去接触外界。

然而，现实往往正好相反。每个人都有不同的个性，也有着不同的成长经历。要在人际交往中取得成功，你不仅需要理解这一点，而且要学会去适应他人。

可以拿汉堡包打个比方。有些人特别看重集中精力办事，他们不希望与他人进行过多无关紧要的闲聊（面包皮），只想要实际的东西（中间的肉），通常他们会把每次闲聊的时间缩到最短。

然而，有些人却不喜欢听平铺直叙的事实（肉），他们希望首先聊聊别的。假如某人一开始谈话就立即谈到实际的事情（肉），而根本就没进行任何的闲聊，那么他们就会觉得不舒服。

实际上，你需要为你遇见的每一个人，以不同的方式来铺展"汉堡包式"的谈话。调整你的方法，适应其他人偏爱的沟通方式，你便能建立起更好的人际关系。一旦你建立更好的关系，你就让其他人更加仔细地聆听你所说的内容。事实上，交际并不是目的，它只是一种活动。它的目的是让别人理解你，并做你所想要做的事情。这是我们期望达到的目的。

> 调整你的方法，适应其他人偏爱的沟通方式，你便能建立起更好的人际关系。

举个例子。许多老板与他们的一些员工有过这样的问题。老板总是兴冲冲地想着集中力量把事情做完。同时，老板们通常很忙，在与人交谈时，他们喜欢直入正题，一开始就谈及实际事务（肉）。然而，公司中总有一些员工在和老板说话时会感到紧张，每次谈话开始时，他们通常会有些心不在焉。假如老板一开始就与这类员工切入正题，那么在谈话伊始，很有可能他们不会听得那么认真。对于老板而言，更好的方法是，可在引入正题前先做一些闲聊（面包皮），先让员工放松，然后再说实际细节（肉）。

反过来也是如此。员工们遇到老板便谈诸如天气等等的话题，铺天盖地地闲聊（面包皮）一番，随着时间一秒一秒过去，老板会变得越来越生气，因为他想要立刻谈工作（肉），他觉得闲聊是在浪费时间。

这都是老板和员工之间发生的一些情况中，假如其中一方能试着去适应另一方的话，那么他们之间的沟通交流会变得更加顺畅。

你也一样。越多地去适应他人，他人也会更多地来适应你。

应学会适应他人，进而取得更大成功。

1. 以人们喜欢的方式对待他们。
2. 调试你的方法，建立更好的人际关系。
3. 在每次对话前，先考虑下如何推出你的"汉堡包"。

真谛

27

探讨问题首先要
避免主观情绪的
干扰

■ 生活中，你总是会碰到一些遇到问题就会变得情绪激动的人，在这种情况下，你可能会出面解决，也可能会避而远之。当然，最好的方法是直接去处理问题，但是处理的方式必须妥当。人在情绪激动时总会急着表达他们的看法，而不会去倾听你的道理或事实根据。明白这一点意义重大。

> 人一情绪化，就会在没有开始其他讨论以前，希望找机会首先让他人了解自己的感受。

人一情绪化，就会在没有开始其他讨论以前，希望找机会首先让他人了解自己的感受。对于你来说，对他们的感受和顾虑表示认可，并仔细地聆听他们需要说的事情，这是非常重要的。在很多时候，你在这样的情况下应该注意，你接下来提出的问题能够使其他人觉得你是带着兴趣地聆听，你是真正想理解他们的情感。

很多人试图用道理和事实来与一些情绪已然十分激动的人来争论。这是绝对不管用的，因为一个情绪激动的人不会有心情去听你说什么，他们实际上只会一心想着让他人理解他们的感受。在这种情况下，你想要给他们灌输任何更多的信息都是不管用的，这绝不会给当前的情况带来任何改变，而只有可能把情况弄得更糟。

这时候，你要做的只是简简单单地聆听，提出问题，让其他人尽情地阐述他们的想法和观点。在表达了自己的感想后，他们会放松下来，感到更加自在，而在此之前，你可千万不要从自己的角度去进行说教。

在此，首要的目标是使他人抛开主观情绪。一旦你让他人充分地表达他们的想法和感情时，那么在这个时候，也只有在这个时候，你才能开始谈你就此事所持的道理及事实根据。聆听他人的感受才能使你获得与他人分享自己的信息的权利。

很遗憾，人们在遇到上述情况时却并非总是这么做。想想你自己，当你面对一个问题变得情绪激动时，是否别人经常都只是简单地试图用所有他们自己认为正确的事实和信息来说服你？结果通常一猜便知，你刚开始还能听别人说些情况，但一会儿就会不厌其烦。这种处理方式只会让问题双方变得更情绪化。

另外，你也许碰见过相反的情况。当你正在处理一个问题的时候，别人开始情绪激动起来。你也许会认为，通过坚持阐述事实和信息，让对方在谈话中逐渐抛开主观情绪，这是最好的办法。但结果是，你越去谈事实、信息及道理，他人就会变得愈加情绪化。原因在于，在你谈自己掌握的信息前，你没有让他人有机会去分享他们自身的感受。

通常你首先需要排除主观情绪，尔后再谈论事实根据。

从这些例子中可以看到，通常你首先需要排除主观情绪，而后再谈论事实根据。人们在现实生活中很少这样做，主要原因是迫于时间短，而且自己也缺少耐心。大多数人觉得，他们没时间去听他人的想法和感受。而另一方面，由于自身缺少耐心，他们只想着快速处理问题，就导致他们不断地去谈事实根据和相关信息。

为了更有效地应对他人情绪激动的情况，解决困难问题，你应该总是保持耐心，花时间聆听他人的思想和感受。现实往往都是，一旦你聆听了，你就从别人那里"赢得了"谈谈自己所掌握的信息（实际情况）的权利。

记住，首先排解他人的情绪化问题，之后再就事论事。

要想让别人听你想说的话，首先得给他们机会去谈谈他们自身的感受。

1. 在谈你想要别人聆听的事情时，请首先做好聆听别人想法的准备。

2. 先去聆听他人，并表示认可，这能为你赢得畅谈自己想说内容的权利。

3. 听他人说话要保持耐心。

真谛

28

你处在"代售"状态，因为你一直都在向他人推销自己的理念和别人谈论销售人员时，你会发现有的人对销售人员持肯定看法，但有些人却持的是否定看法。几乎没有人在销售人员这个话题上保持非常中立的看法。你和其他人都应该对销售这个概念持肯定的态度，因为大家本身都处在"待售"状态。你也许不像销售人员那样以销售为职业，但是你随时都在做着自己的销售，即销售自己，销售自己的理念。

每个人都是一个"待售"的人，因为每个人都需要向他人推介自己。你与他人交往的方式，你把自己的关键信息打包推介给他人的方式，都在很大程度上决定了你能取得怎样的成就，又能从他人身上获得哪些帮助。实际上，你正在销售的是能把别人拉近到你身边来的那些想法和价值。他们看到与你合作的价值越高，你从他们身上获得的用以实现自己目标的帮助也就越多。

要想更有效地向他人推销自己的理念，首先要看自己的信息是否有说服力，而不是信息量大不大。

很多人首先考虑的是希望别人能全方位地了解自己。他们总是想着多给别人介绍些情况，结果却大谈特谈、毫无节制，反而令人生厌。要想更有效地向他人推销自己的理念，首先要看自己的信息是否有说服力，而不是信息量大不大。

销售的目的在于让人购买，让他人理解你自己的想法及你能够为他们带来的价值。要想真正把销售搞清楚，你应该先把购买搞懂，因为你在推销自己表达的东西时，首先要保证其他人能够买账。

人们首先得能接受你的理念，之后才会接受你这个人。

就销售而言，最重要的事情是关注你和其他人的沟通。他对什么感兴趣？想听到什么东西？同时，考虑下你需要别人理解什么，又希望对方对你所说的事能有怎样的感想。

对一切好的沟通而言，首先应该关注你的沟通对象是谁，其次要关注你想交流什么事情。通过关注你交往的对象，你会预先考虑你将要说什么，如何诠释想说的事情。这样做能使你量体裁衣，迎合交往对象的期望，与之进行顺利交流。

销售自己的理念，销售自己，绝不等于把焦点放在你自己身上。其实真正要做的是要去关注对方，关注你如何能帮助对方达成所愿。通过帮助他人达成愿望，你往往就能够得到他们的注意，相应地把关注点引回到自己身上。

> 销售自己的理念，销售自己，绝不等于把焦点放在你自己身上。

记住，你总是在不停地向他人销售你的理念，而这样做能使你得到帮助，实现你的人生愿望。

1. 要懂得销售，就要懂得购买。这关系到如何使他人接受你所表达的东西。

2. 影响他人的这种能力（销售）是人们成功的根本技巧。

3. 你是一个"待售"的人，因为你总是在向他人销售自己的想法。

真谛

29

提问比回答
更有分量

两个人正在一起谈话。一个人一直在提问，另一个人一直在回答问题。是哪个人在控制着谈话呢？提问比起回答来更有分量，因为问题在控制着谈话。

提问有助于你控制与其他人的谈话，这有助于使双方的谈话更多聚焦在那些有助于实现你自身愿望的事情上面。假如你在与他人的谈话中不提问，那么他人就会控制谈话，把话题聚焦在讨论他们想谈的事上，而不是你所关心的问题上。

提问在建立人际关系上同样有着非常强大的作用。提问显现出你对别人所说的事情感兴趣。当你表现出对他人感兴趣时，他人也会对你感兴趣。另外，提问具有影响他人的作用。为什么呢？究其原因，提问有助于他人进行思考，思考一些他们之前从未认识到的某些事情。比起简单地回答他人的问题，你的提问能使他人思考，从而使你对他人产生更多的影响。

提问使你能够调整与他人交往的方式，传达重要信息。

提问使你能够调整与他人交往的方式，传达重要信息。当你首先使他人开口论事时，你与他人对话的效果就会更好。他们会与你分享自己的想法和信息，与此同时，这也令你有机会使用他们自己的话而不是你自己的话，把你的思想和观点"打包"传达给他们。

每个人都会以不同的方式、不同的语言来分享他们的想法，解释事情。应该先对他们进行提问，去发现对方的不同点。这样，你就能用他人的表达方式和语言来向他们阐述你自己的想法，这样做有助于让他人更为容易地接受你的理念。

假如你是领导，相比仅由你自己去为问题提供答案而言，提问有助于你手下的人去思考问题的解决办法。每当你向手下的人提供答案时，你实际是在一点点地剥夺他们解决问题的主动性，因为他们会根据你的答案而不是他们自己的答案，来执行问题的解决方案。

提问有助于帮助人们去探索他们自己的答案，进而发挥主动性，根据自己的答案而不是你的答案执行问题的解决方案。可以说，对于领导而言，提问是一种时间的投资方式，以期让自己的员工进行思考，探索答案。而向他们提供答案却有着恰恰相反的结果，因为花时间的是你自己，你并没有让员工进行思考（得到成长）。

在销售活动中，我们同样也能看到提问的作用。俗话说，"顾客说不停，赚的肯定是你；自己说不停，

提问表现出你的兴趣，兴趣催生出影响力。

生意肯定没戏"。提问能让他人开口交谈，更多地与你分享他们的想法和信息。一旦你更好地理解他人，那么你也就有"能量"更好地影响他人。提问表现出你的兴趣，兴趣催生出影响力。

本周你肯定与很多人进行了各种各样的谈话，何不对这些谈话做一个小小的回顾呢？问问自己："我是提问得多还是回答得多？"或者你可以这样提问："我聆听和谈话各占的比重是多少？"

在你和他人的所有交往和谈话中，提问比回答更具分量。

提问让你成为对话的控制者。

1. 提问使你影响他人，因为提问能让他人思考。
2. 提问能表示出你对他人的兴趣。
3. 提问能使他人保持主动性。

真谛

30

故事和例子使人
更快地产生共鸣

一流的演说家往往也是一流的故事家。伟大的演说家在与人交谈时，往往又讲故事又举例子，同时又在旁征博引中暗含了把他们想要表达的信息。他们明白，故事和例子会让人们更好地参与到交谈中去，因为每个人都会集中精力，让思维跟着故事和例子走。

要想得到他人的帮助，你通常需要抓住他们的注意力，让他们全神贯注地听你说话，听你说你亟待表达的东西。与其他的交际办法相比，故事和例子的运用能让你与其他人更快地产生情感的共鸣，让他们对你所说的内容产生兴趣。一旦你抓住他们的兴趣，他们就会更加聚精会神地听你述说。

在阐释你的想法时，如果你能首先给他人讲故事或举个例子来阐明其背后的道理，他人就会更快、更容易地予以接受。假如你避而不谈故事和例子，仅仅平铺直叙地告诉他人你自身想法的一些背景信息，他们也许会怀疑你的这些想法是否真的行得通。然而，通过讲故事或例子，其他人就能理解你的理念可以怎样得到实现，并且更加容易地接受你向他们提到的信息和想法。

人们往往是出于一时兴起而去买东西，然后再理性地找各色理由让自己非买不可。人们在聆听别人说话时也是如此。假如他们能够在理性之外，还能带些情感去听他人发言的话，他们就会更加专注。故事和例子赋予你从情感上与大家产生共鸣的能力。一旦在情感上与他们实现共鸣，他们之后就会更有兴趣地聆听你说话，更专注地听取你所提供的信息。

故事和例子赋予你从情感上与大家产生共鸣的能力。

对于领导而言，故事和例子也很重要。作为一个掌握话语权的人，领导需要向他们的员工传达新的理念和信息，让人们响应这些理念和信息，并积极地采取行动。一流的领导和一流的演讲家采取的做法是一样的。他们在与他们的手下进行沟通时，也会不断引用故事和例子。

实际上，一流的领导通常引用故事和例子来作为问题的答案。一流的领导讲一个故事或者例子来启发员工找到自己的答案，解决自己的问题。

因此，可以看出，故事和例子是他人学习的最好方法。比起他们听到的一些基本信息而言，人们更容易去应用他们从故事和例子当中感悟到的东西，学得也更多。

从这里我们可以看懂，运用故事和例子有着多么大的作用。当你和他人一起探讨任何新信息时，应一开始就讲个故事或举个例子，在故事或例子中使用你想传达的信息，通过故事和例子证明信息的正确性，因为这些故事和例子就是最好的佐证。

要想更好地与人沟通、影响他人，你应该首先提高自己讲故事的水平。

要想更好地与人沟通、影响他人，你应该首先提高自己讲故事的水平。当人们对你讲的故事和例子深感兴趣时，他们就能更专注地听你自己亟待表达的东西。一旦他们聚精会神地聆听你发言，你就有了影响他们的能力。

在介绍任何新的理念和想法时，应把它们放到故事和例子中结合来讲，佐证这些想法。

1. 故事和例子让你与其他人产生情感共鸣。
2. 通过故事和例子，人们能够看到你的理念如何能成为现实。
3. 故事和例子能使听众集中注意力。

真谛

31

变通沟通方式，
寻求更快的回应

近年来，沟通的渠道和方式都在不断增加。今天，沟通的方式可谓百花齐放，诸如邮件、电话、SMS等，当然还包括面对面的交流。然而谈到人们个人喜好的沟通方式时，个体差异却十分明显。是否能适应他人喜欢的沟通方式，这在很大程度上决定了你在与人交往时，是否能够取得好的效果。

试想一下，不管是向别人传达信息，还是从别人那儿接受信息，你都喜欢用自己喜欢的方式进行沟通。你平时用得比较多的自然也是自己喜欢的方式。如果别人注意到你的沟通方式，他们也会用其来与你进行沟通。

当别人用你喜爱的方式与你进行沟通时，你做起事来就会更为积极。

当别人用你喜爱的方式与你进行沟通时，你做起事来就会更为积极。如果你喜欢写电子邮件，那么当别人用电子邮件的方式与你进行沟通时，你做起事来就会更为积极。但是，假如反过来你很讨厌电子邮件的话，你会想要别人发邮件给你吗？可能不会。每个人都有自己偏好的沟通方式。

然而，要把事做好，不仅关系到别人与你沟通，还涉及到你要与别人沟通。当你与他人沟通时，如果你能采用他人喜好的沟通方式，交际的效果会好得多。

你自己可能有过这样的经历。你经常会打电话给一个人，却似乎总是无法与其取得联系。然而，如果你发一封电子邮件，可能五分钟就收到此人从黑莓手机上向你发出的回复。很明显，这人喜欢用电子邮件进行沟通。

反过来，你也知道，有些人真的非常讨厌电子邮件。每一次你发邮件，总是得不到回复。而一旦你打电话给他们，你似乎总是能立刻就能与他们取得联系。显然，这类人喜好的沟通方式可能不是邮件，而是电话。

应该牢记一点，沟通仅仅是一种活动，沟通的目的是让他人做你希望他们做的事情。比起采用别人不喜欢的沟通方式而言，选用别人喜好的沟通方式，别人可能就会更为迅速地按照你们沟通的结果进行行动。配合他人喜好进行沟通，能使他人更早地为实现你的目标采取行动。

同样，假如别人选用你喜好的沟通方式与你联系，你也会积极得多。对于那些通常需要联系你的人，请告诉他们你自己喜欢的沟通方式。他们越经常使用你喜爱的沟通方式，你就越加积极。

> **配合他人的喜好进行沟通，能使他人更早地为实现你的目标采取行动。**

注意配合他人的喜好进行沟通，通常你会更快地得到回应。他人对你作出回应，并就沟通结果采取行动，这不正是沟通的真谛所在吗？

告诉他人你喜好的沟通方式，这有助于提高彼此的沟通效率。而要想别人更好地按你们沟通的结果行事，就要采用他们喜好的沟通方式。

1. 别人用你喜好的沟通方式与你进行沟通，会使你们沟通更为高效。
2. 采用他人喜好的沟通方式与他人进行沟通，便能得到他人更快的回应。
3. 选用合适的沟通方式能实实在在地为你节省时间。

真谛

32

多听少说，
提高沟通效果

假如你想更快地建立起人际关系，你对他人的了解就应该比别人对你的了解要多。有句老话说得好："在我不知道你在不在乎我之前，我怎么会知道我是否在乎你呢？"聆听能让你更多地了解他人，它比说话更能提高双方之间的沟通效果。

　　聆听表明你对别人亟待表达的事情抱有兴趣。当你表现出兴趣时，他人便会觉得自己更重要。让他人感觉他自己很重要，这是建立人际关系、使他们将来向你提供帮助最为快捷的方式。

　　对大多数人而言，他们最喜欢的话题是谈他们自己，这就是为什么每个人都喜欢大谈特谈自己的原因。然而，在别人看来，谈这么多自己只会显得似乎你觉得你比他们更重要。为什么不做些改变，多听少说呢？

　　人们在对话中大都不喜欢聆听，这方面例子很多。对话从头到尾，他们一直在思考当轮到他们发言时他们该说些什么。假如你一直想着接下来该说什么，那么你就不可能把全部的注意力投向他人，真正去聆听他人。

　　你聚精会神地去聆听，并不失时机地提出问题，

让他人更多地谈谈他们自己想说的事，这时聆听就
会产生巨大的作用。成功的销售人员总喜欢利用提
问背后的这种力量。销售人员对
客户的业务以及具体需求了解越清
楚，他们能提供的服务就越好，越
能满足那些需求。这对于你来说也
是一样的。你越多地聆听他人并提
出适宜的问题，你对他们的影响就
越大。

你越多地聆听他人并提出适宜的问题，你对他们的影响就越大。

　　聆听的首要好处是使你具有控制力。当你提问和
聆听时，你就控制了和别人的对话。当你主导了对话
时，你就能达到你想要的对话效果。

　　聆听的第二个好处是使你掌握更多的信息。假如
你一直在发表言论，那么你便不能从谈话中了解到更
多的东西。当你提问和聆听时，你能从他人那里了解
到更多的东西，同时，这样做有助于你更快地成长。
没有人能够只凭他们自己的经验就快速成长。通过聆
听别人，你能够从别人的经历中学到新的东西，并可
以把它们运用于自己的生活中。

　　聆听的第三个好处是有助于建立人际关系。当你
更多地聆听而不是发言时，你往往能够建立更和睦的
人际关系，更懂得如何与他人接触。把别人说的重要
事情记下，待将来再次看到他们时提出这些事情，这
无疑是建立彼此牢固关系的最好方式。你还记得某

> **你还记得某事，这显然证明你当初用心进行了聆听，这能够使他人感觉到自己的重要性。**

事，这显然证明你当初用心进行了聆听，这能够使他人感觉到自己的重要性。而当你让他人感觉到自己很重要时，你就能在彼此之间建立更加牢固的关系。

要想在生活中完成更多的事情，你身边得有人愿意帮你去实现你的目标，并帮助你去达成他人的愿望。聆听是你建立一些关键的人际关系的养料。

聆听有助于你和他人建立更加牢固的关系。

1. 用心聆听，增进了解，而不是想着自己下一步该谈什么。
2. 你还记得某事，这就表明你曾用心聆听。
3. 聆听是你与他人建立良好人际的养料。

PART 7
关于配合与跟进的真谛

33

没有谁单枪匹马
就能取得成功

不管你有着怎样的人生目标，单靠自己的力量，你绝对不可能实现这些目标。没有人能够单枪匹马取得成功，在很多情况下，你所取得成功的大小很大程度上取决于你和他人的合作是否融洽，你是否从他们身上获得了帮助。

单靠一己之力，你无法把自己想做的每件事都做好。因此，你需要和别人合作才能实现你期望的成功。你和他人合作的效率高不高，这是你取得成功的主要因素。比起其他任何技巧，你的人际交往技巧更能帮助你获得你希望他人所能给你的帮助。

单靠一己之力，你无法把自己想做的每件事都做好。

每个人都是一个与众不同的个体。你适应他人独特之处的能力有助于你相应地得到更多帮助，完成更多的事情。很多时候，一些项目最终没做成，主要是因为合作的两人因个性不同而合不来。应集中精力去关注你想实现的目标，而不要老想着去做与别人建议的或别人正在做的不同的事情。

往往有些人自己身上已经具备了要获得他们所期待的成功的所有素质和能力，可是却发现自己很难和他人合作，很难从他人身上得到帮助去实现愿望。这类人在同那些与自己做事方式不同的人一起工作时，总会显得很痛苦。他们觉得和别人一起工作很不舒服，因为别人总是用不同的方式完成任务。他们总是试图让别人按他们自己的方式做事。但每个人都有个体差异，他们永远也无法让别人完完全全按他们自己的方式去做事。

　　能成功和他人合作并得到他人帮助的人，他们关注的往往是完全不同的事情。他们并不怎么关心大家各自采取什么方式去做一件事，相反，他们关心大家是否都在关注最终需要取得的效果。成功人士关注的是让别人了解某件事需要获得怎样的效果，然后让别人选择用他们自己的方式完成任务，达到预期的效果。

　　可以说，成功人士寻找的是那些能帮助自己实现目标（效果）的人，让他们了解目标，然后让他们自己决定采取什么方式（任务）去实现目标。成功人士知道如何适应他人，而不是强迫他人适应自己。这里重要的不是采取谁的做事方式，殊途同归，最后取得成功，这才是关键。

　　可以说，最终的成功要通过让自己去适应他人、服务他人来实现。身为作家和演讲家的吉格·金克拉（Zig Ziglar）说过："只要你帮助他人得偿所愿，你就能得到你生活中想要的一切。"当你付出自己

渡人即是渡己。

时，生活就路路畅通。而通常你的付出也会获得回报，获得他人的帮助。渡人即是渡己。

假设你是一位领导，你帮助员工成长的同时，员工也会帮助你的团队或组织实现良好运转，帮助你实现自己的目标。所有成功的领导都懂得这一点，并且会不遗余力地培养他们的员工。通过培养他们的员工，就能够壮大他们的组织。一旦组织得到壮大，它就能实现更好的运作，而这一切会反映到领导的业绩上，正是领导引导了组织的壮大和良好运作。

成功人士都有一个特征：他们愿意去教导他人。通过帮助他人学习和成长，他们也能相应地得到别人的帮助。

记住，没有人能够单枪匹马就取得成功。要从别人那里得到帮助，你得首先学会去适应他人，给予他人帮助。

成功通常取决于你与他人是否进行了良好互动。

1. 要明白你不可能依靠一己之力取得成功。
2. 你适应他人的能力决定了你能否能够获得他人的帮助。
3. 你越多地帮助他人成长，他人给予你的帮助相应也会越多。

真谛

34

信守承诺者，
众人齐助之

你也许听过这样一句话："自助者天助之。"也可以换句话说："当你信守承诺时，你便会获得他人的帮助。"为什么呢？因为当你坚守承诺时，他人会把帮助你视为一种高质量的时间投资。当你得到他人的帮助时，你就能完成更多的事情，并且你常常可以通过学习新的东西来提高自己。

你的举动会告诉他人应如何与你交往。假如光说不做，那以后别人就会对你避而远之。没有人能够凭借自己一个人就能获得成功，你总是需要别人的帮助。为什么尽全力去实现诺言，会令你获得别人的帮助呢？

许多人都没有意识到信守承诺的强大作用。

许多人都没有意识到信守承诺的强大作用。实际上，大多数人在生活中不了解他们体内蕴藏着影响他人与自己交往的能量。那些真正懂得这一点的人，知道要想形成自己的影响力并获得他人的帮助，首先应该信守承诺。

举个例子。

你工作中遇到了问题，需要其他人的帮助才能予以解决。办公室里有两个人可以帮助你。一个人专心工作，总是信守承诺。另外一个人很难专心工作，常常不能兑现承诺。你会请求哪个人帮助呢？你一般都会选择那个信守承诺的人来帮助你。

反之亦然。就像你会找信守承诺的人提供帮助一样，如果你也是信守承诺的人，别人也会第一时间来帮你。信守承诺的人总是会吸引那些需要帮助的人，同时他们也会相应地吸引别人来帮助自己。

这都可以归结为一条人所共知的真理："付出越多，回报越多。"然而，也是同样的，"你践行的承诺越多，那么你得到别人的承诺也会越多"，你也会获得更多的帮助，帮助你达成所愿。

人们往往愿意花时间帮助在他们看来信守承诺的人。有时候，一些非常需要帮助的人却常常得不到帮助，看起来令人感到奇怪。但就像你在上述例子中读到的，原因在于面对那些不守承诺的人，人们不想请其帮助，也不想去提供帮助。为什么呢？因为不能够信守承诺的人不能够像其他人一样得到别人的信任，这就是为什么通常人们避免和这些人交往的原因。

人们往往愿意花时间帮助在他们看来信守承诺的人。

你已经认识到了信守承诺的重要性。当你注重信守承诺时，你做出的承诺会比以前少得多。很多人向他人做出承诺是抱着"试试看"的态度，并没有一心一意想着"一定把事情办好"。

当你注重信守承诺时，你还会相应地得到另外一个好处：你会有更多的自尊和自重，因为你信守的不仅是对他人的承诺，而且还是对自己的承诺。

当你开始信守对自己的承诺时，信守对别人的承诺就要容易得多。从今天开始，就要注重信守你的承诺，吸引他人来帮助你完成工作。

你的行为做法要么能吸引他人来帮助你，要么会让他人对你避而远之。

1. 假如你信守你的承诺，其他人也会信守他们对你的承诺。
2. 人们总是帮助那些先前帮助过他们的人。
3. 信守对自己的承诺，有助于你信守对他人的承诺。

真谛

35

信任是团队
创造力的源泉

没有人能够凭借一己之力获得成功。要把事情做好，你往往需要参与到团队中，而信任是团队创造力的源泉。团队配合实际就是让每个人都为了共同的目标携手合作。当大家互相信任时，就能更加高效地彼此配合，从而去实现目标。

要想建立信任，你需要更多地了解他人的职场情况及个人生活信息。你对他人个人生活信息的了解，往往会使你更加深刻地理解他们的所思所想，理解什么对于他们最为重要。当你对他人有了更加深入的了解时，你就能更好地理解他们的行为，也就更能知道如何与他们进行最好的互动，形成更为默契的团队合作。

要建立信任，关键是要能在轻松自在的环境下与他人交流你的看法，此时就算你的观点与别人相左也无伤大雅。当团队里的每一个人都愿意敞开心扉，分享自己的思想和观点时，你的团队就成了一个高度互信的整体。

要建立信任，并保持信任，你往往应接受别人身上存在的差异性。

要建立信任，并保持信任，你往往应接受别人身上存在的差异性。一流团队里的成员也都不是一个模子造出来的。团队中的个性完全可以成为一大优势，帮助团队探索更富有新意的解决方法。要想让信任发挥作用，并从中获益，每个人都需要做些细微的调整，去适应他人的个性。你适应他人办事方式的能力是你通过他人把事情做完的重要能力之一。实际上，成功领袖的重要窍门之一就是他们具有高超的适应能力。

　　大家都不希望看到矛盾发生，特别是在一个团队的环境当中。然而，假如矛盾能围绕一些问题发挥建设性作用，在某种程度上，它就能使这个团队变得更为强大。比起彼此间信任度低的团体来说，信任度很高的团体往往会遇到更大的矛盾。信任度低的团队通常没有任何矛盾，因为人人都害怕提出的事情遭到他人的反对。假如你所在的团队里，矛盾很少，或是没有，那么你们就不会是一个真正高效运作的团队，因为人们不愿意去交流他们真正的想法。

　　要想把事做好，你往往要以团队的形式与他人合作，其他成员能够帮助你达成所愿。为了获得帮助，你常常需要成为一个团队的"参与"团员，帮助团体向能使你和整个团体获得成功的目标挺进。你会发现有相当多的人并没有真正"参与"到他们所属的群体当中。这些人什么会都出席，但就是一言不发。他们不会提出他们自己的想法，而抛开他们会议之外的本职工作来说，他们没有真正为团体

为自己设定目标，做团队合作的积极参与者。

做出具体贡献。

为自己设定目标，做团队合作的积极参与者。一旦你参与其中，你就会在团体的前行方向和重点上"发表自己的观点"。通过"参与"，你就会有更好的机会确保你个人和你的团队能够获得成功。

要建立信任并获得他人的帮助，就得营造一个人人参与、交流真实想法的环境。有了这种环境，你的团队内部会议就绝不会再让人觉得乏味，你们会把"一切事情"放到桌面上来开诚布公地讨论，而不是在楼道里私下议论。

不管你处在一个怎样的团队中，你首先都得设定一个目标，来建立信任。信任能推动团队的合作。

关注并培养你和队友间的信任。

1. 信任使人们能够交流他们正在思考的事情。
2. 最好的解决方法和目标是每个成员参与的结果。
3. 假如你们的小组会议平淡而乏味，那么小组成员间的信任度肯定很低。

真谛

36

强化他人行为，
争取预期实效

假定你得为四个人完成四份不同的工作，期限是明天，其中三个人从没有催促你，而第四个人却是一早上就打电话给你，问你能否明天完成任务，是否需要帮助。在这种情况下，你会首先着手做哪项任务呢？答案很有可能是那个催促你的人的任务，因为他们的督促会提醒你首先着手去做他们的任务。

很多情况下你为了信守对第三方的承诺，需要他人在某个日期前完成某些事情。若你能强化（跟进）他人信守承诺的情况，令他们采取应该采取的行动，不仅有助于他们按时交付任务，而且也有助于他们在未来的任何情况下正确处事。

举个例子。你答应别人在星期五之前把事情做好，而你需要另外一个人在星期三前完成一些工作。假如你在星期二礼貌地催促那个人，问其是否能于星期三完成工作，那么你会对他人如期完成工作更有信心。同时，你会使他人在脑子里留下一个印象：这件事非常重要。然后，他们很可能也会把这件事情放在更为优先的位置进行处理。由于你跟进了此事，你就强化了正确的处事方式。

再举另外一个稍有不同的例子。你同样答应别人在星期五完工，你需要另外的人在星期三之前完成工作。然而，这一次你直到星期五早上也就是最后的期限，你才去过问此事。你这么晚才催促，此时就等于你在施压让别人去交付任务，以求自己能按时完工。你觉得别人会喜欢你强加的这种额外压力吗？你自己会喜欢这种由于跟进过迟而给自己造成的额外压力吗？答案通常是不会。

在第二个例子中，还有一个方面值得注意。由于你直到逾期两天才追问情况，此时他们会认为你真正要求的时间并不是你所说的要完成任务的时间。下次你对他们完成任务提出要求时，他们会认为，他们实际上有充裕的期限以外的时间完成任务，而且他们就可能不会把满足你的时间要求放在应有的优先位置。

你会发现，你跟进工作进程与否以及跟进的方式都会对他人的行为造成影响。上述例子表明，督促出实效。

你跟进工作进程与否以及跟进的方式都会对他人的行为造成影响。

上述的情形和例子都涉及到工作的跟进问题。但你采用怎样的方式去督促别人，这在许多情况下能产生巨大的影响。

对于领导或父母而言，你督促雇员或者孩子的方式，会影响到他们当前和未来的处事行为。你督促他人的方式会影响到他人从今往后如何与你沟通。

最好的办法是一开始就清楚地画好界线，在你看来哪些行为是好的，哪些行为是糟糕的。一旦预先讨论过，那么误解就会少得多。此时的关键在于，你如何去强化这些行为：

1. 对于好的行为，你应该感谢别人所做的一切，并表示赞赏。
2. 对于坏的行为（在界线之外），提醒他们，他们做了什么事情，而且这些事为什么于己、于他人均无益处。

你会发现，你所能帮助他人实现诺言的事情就和领导或父母需要做的事情一样。

种瓜得瓜，种豆得豆。你强化什么样的行为，就会得到什么样的结果（不管你是作为还是不作为）。

1. 有意将他人好的行为和坏的行为都进行放大。
2. 总是要跟进进度，特别是涉及到你对人的承诺时。
3. 你去跟进，就显得任务很重要；不去过问，就显得任务无关紧要。

真谛

PART 8
关于潜力
与优秀的
真谛

37

不识画作真面目,
只缘身在画框中

为了把事做得更好，你需要更好地提高自己。你无法每次都看得出自己需要什么样的提高，很多时候，你需要从他人那儿得到反馈，使你注意到应该进行哪些提高。真是如此！当你身处画框之中时，就无法看到画作的全景。

你往往需要从他人那里得到反馈，以帮助自己发现那些在生活中可以实现自我提高的领域。在工作中，你常常从你的上级、同事、下级那里得到360度全方位的反馈。这种反馈能够为你带来灵感，发现生活中有哪些方面可以改进你自己的行为方式。

每个人身上都有一些自己看不见的行为盲点。

每个人身上都有一些自己看不见的行为盲点。假如你在生活中无法从他人那里得到反馈，那么你就永远看不到这些盲点，进而导致你无法对它们予以改进。你都没有注意到生活的某方面或某种处事方式出了问题，改进又何从谈起呢？

要想发现这些盲点，你不能老是指望他人直接帮你指出来。家人及朋友虽然与你走得近，但常常会犹豫，直接与你谈论你的任何不足的方面和糟糕的处事方式是否合适。

要让自己把情况看得更清楚，你应该主动要求他人给予反馈，而不要等着他人主动提出来。假如他人直接找上你给你反馈，通常这种反馈不是建设性的，而更多是负面性的。一旦他们给出这种类型的反馈，无论如何，你可能不会怀揣着好的心情去听取。

要想认清情况，最好的办法是请你的一位好朋友或者同事帮助你，提出在哪些领域或哪些行为上，他们认为你应有所改进。问问他们你的优势在哪儿，不足在哪儿；在他们看来，你应该着重注意改进哪些方面或哪种处事行为。这样的建议非常有价值，能帮助你提高、成长，成为取得自己所定义的成功，实现生活梦想的人。

关键是既要问你的优势在哪，也要问你的不足在哪。正是你的优势令你取得了今天的成功。因此，你应该坚持注意改进不足，以帮助自己更好地运用自己的优势。你自身优势发挥得越好，你能取得的成功也就越多。应首先关注那些阻碍你发挥自身优势的不足之处，将其作为一个重点来对待。

你自身优势发挥得越好，你能取得的成功也就越多。

因此，假如他人的反馈能帮助你更快地提高自己，更快地成长，为什么不多去向他人征求反馈呢？可惜大家往往不想听他人说自己的缺点，这是人类的天性，你很难真正有动力去征求这种反馈。

然而，有些人就喜欢不断地去征求他人的反馈，而且真正成功的也正是这些人。是什么样的特性促使他们能积极地去获取反馈，而其他很多人却做不到呢？归根到底，成功人士总是对自己充满了自信。他们知道，从他人身上得到反馈，他们就能更快地提高自己；如果得不到反馈，那么他们绝不可能行动起来，改进自身处事的一些"盲点"。

就是这个道理，难道不是吗？因此，应首先着手树立强烈的自信，使自己敢于征求他人的反馈。生活中取得成功的领头羊们总在不断地寻求反馈。他们明白，只有不断成长，他们才能不断取得成功，而只有反馈才能让他们不断地成长起来。反之，要更快地成长起来，不能没有反馈。

坦诚的反馈总是能让你变得更出色。何不从现在开始就请他人给你反馈呢？

1. 请你信任的朋友或同事给予反馈。
2. 认清自己的优势和不足。
3. 努力改进那些阻碍自己更好发挥优势的不足方面。

真谛

38

以平常心做
不平常事，
成长便悄然而至

回想一下你第一次做某事时的情形。当你首次尝试去做这件事时，你会感觉很轻松吗？恐怕大多数人都不会。假如你尝试做新事情，你就会从中得到学习，得到成长；但与此同时，也会感觉有点不适应、不轻松。

当你尝试去做些新的事情，或是经历新的情况时，你自己就会有所成长。然而，你往往会主动避开这些新事物，因为你害怕也许不能第一次就做好、做对。

很少有谁第一次做某事就能做得尽善尽美。

很少有谁第一次做某事就能做得尽善尽美。这再正常不过了。但人们常常会忘了这一点。人们有时会刻意避开某些事情，因为他们认为，自己可能无法把事情做好，可能会犯错误。试想一下，假如你总是对自己现在正在做的事情感到十分轻松的话，你能真正挑战自己，让自己成长吗？

在生活中走在大家前头的成功人士总是不断地在挑战自己，尝试新事物，试着去做他们以前从未做过的事情。他们知道，当他们朝前迈进，尽全力使自己发挥自身能力、开发自己可以看得见的潜力时，他们就能够进一步成长。同时，他们明白，他们也会一路犯错误，而犯错误不过是尝试新事物、特别是第一次尝试新事物的学习过程的一个阶段罢了。

可以说，成功人士们的目标总是想让自己变得有点"不轻松"。他们相信，假如他们总是在做一些过于轻松的事，那么他们就得不到进一步的成长，而这也会局限他们未来的成功。假如你总是处在轻松的氛围里，你觉得你是在成长么？

举个例子，有的人害怕在公众面前发言。据说，在公开场合开口发言是人们生活中最害怕的事情之一。人们之所以感到恐惧，是因为他们会感到不安，又怕会犯错误。然而，问问任何一个成功的演说家，他们很可能会告诉你，他们过去做演说时犯过许多次错误，但是犯错却没有阻碍他们成功。实际上，正是由于他们主动去尝试新事物，一开始感觉很不自在（还会犯一些错误），之后他们才会更加迅速地成长，变得更为成功。他们没有让这种不适应感妨碍他们获得成长。

你呢？你完全适应你现在所在干的事情吗？你是否任由自己的一些不适应感妨碍了自己的成长呢？

何不给自己定个目标，每周都去尝试一下生活中某一个方面出现的新事物呢？假如你一次把生活中每个方面的新东西都尝试一遍，肯定压力太大，麻烦太多。然而，大多数人几乎任何新东西都不愿尝试，他们似乎总是过着"老套"的生活。

审视一下你现在的生活。你生活中是否存在一些方面，让你感到完全适应并使自己禁锢在框框套套中呢？好好地审视一下那些方面，看看自己避开了哪些让自己"不适应"的成长机会，从这周起就让自己抓住那些机会。记住，稍稍感到不适应正是成长的表现。

记住，稍稍感到不适应正是成长的表现。

为自己设定一个目标，让自己学会适应那些让你不适应的事物，这样你才能不断成长，更加接近你所定义的目标，实现自己的生活愿望。

当你能以平常心去看待那些让你不适应的事物时，你会更快地获得成功。

1. 绝不要害怕尝试新的事情，让自己获得成长。
2. 要明白，没有人能够第一次尝试做某事时就做得尽善尽美。
3. 学会去适应那种轻微的不适感。

真谛

39

盲目与人相比较
会局限自身发展

唯一没有局限性的比较是拿自己和自己的潜在能力作对比。

你常常会拿自己和别人作比较。一些比较会让你自我感觉不错，因为你觉得自己做得比别人好；另外一些比较会让你感觉很糟糕，或者至少让你觉得自己做得还很不够。然而，所有与别人的比较都仅仅局限于他们对你的影响。唯一没有局限性的比较是拿自己和自己的潜在能力作对比。

我们来看看高尔夫选手泰格·伍兹（Tiger Woods）的例子。他和其他很多体育界的顶级运动员往往都是拿自己和自己的潜在能力作比较，而不是与他人作比较。以伍兹为例，假如他拿自己和别人作比较，那么他很有可能会自我松懈，导致自己在高尔夫运动中的发展脚步慢下来。而现实世界中，伍兹是在高尔夫运动中练习和比赛最多的人之一。他前不久还说过，自己在高尔夫运动中还有很大的提升空间。伍兹关注的不是拿自己和别人作比较，而是拿自己和自己所看到的潜在能力做对比。

你呢？你是拿自己和别人做比较，还是拿自己与自己的潜在能力做对比呢？每个人都有不同的能力，要想获得生活的成功，实现目标，就必须发挥自己全部的能力。美国橄榄球传奇教练文斯·隆巴迪（Vince Lombardia）说过："我们究竟能取得怎样的成就，要看我们如何使用自身具备的东西。"很多人体内都蕴藏着有待开发的潜力。

许多人所运用的能力只是为了敷衍了事。他们自身有着巨大的潜力，可是却不花时间去予以发掘。他们在年复一年的日子中，总是觉得马马虎虎就可以了。你呢？你在拓展自己的潜力吗，还是只在敷衍了事？

科学家认为，很多人究其一生只开发了自身很少一部分的潜力。因此，你和其他人一样，自身有着巨大的潜力，能完成比现在更多的事情。

你的注意力绝不应该放在拿自己和别人做比较上，而应该注重拿自己和自己的潜在能力作比较。实际上，大多数人甚至从未想过他们有什么样的潜在能力。你想过吗？为什么不花时间想想你自身的潜在能力，及你如何能凭借你的潜在能力达成所愿（取得你所定义的成功）呢？你对自己的潜在能力的思考越多，那么你每天就能越多地行动起来去发挥它们。

把注意力放在自己的潜在能力上，而不是放在他人身上，你发挥

> 你对自己的潜在能力的思考越多，那么你每天就能越多地行动起来去发挥它们。

自己潜在能力实现所愿的唯一局限因素就在于，你是否相信自己能做得到（这要由你自己把握）。

记住，向他人学习，从他们的经历中学习，但是绝对别拿自己和别人作比较。集中思想和精力关注你的潜在能力。通过关注你的潜在能力，你便能够成为达成目标、实现自己生活愿望的人。

1. 拿自己和自己的潜在能力作比较，而不是和他人作比较。
2. 每个人身上都有成功的潜在能力。
3. 只有那些不断提醒自己要发挥自身潜力的人，才会真正运用好这些潜力。

真谛

40

结识适合的人，
加快自身成长

谁都无法仅仅凭借一己之力获得成功。同时，假如你仅依靠自己的经历来让自己成长，你就不能学到足够的东西，或者实现足够快速的成长。你可以读书，进行自我拓展，以帮助自己成长。然而，你也需要去认识、去接触那些能够挑战你的思想并让你更快成长的人。

出版商及善于激励并富有幽默感的"奇妙人"查理·琼斯（Charlie "Tremendous" Jones）说过："你接下来五年的生活会一成不变，但唯独有两件事会影响你：你读到的书和你遇见的人。"为了更快地成长，你身边得有真正能够帮助你的人。围绕在你身边的人正在帮助你成长吗？

想想你每天、每周在工作中及生活中所遇见的人。这些人正在帮助你成长为你想要成为的那个人吗？他们正在帮助你取得你追求的成功吗？还有，他们正在帮助你，在走向你所期待的成功的过程中，获得愉悦和满足吗？

这些都是很好的自我提问方式。对于大多数人而言，自己身边接触最多的人反而是给自己的成功拖后腿的人。这话可能不大好听，但如果你好好想想，你会发现事实就是如此。

你总喜欢自己身边都是一些让自己感到安逸的人，这一点在个人生活当中显得尤为突出。你想和他们在一起，享受轻松。然而，你获得成长最多的时候，却恰恰是你感觉到不安的时候。如果事实如此，那么当自己身边老是围绕着同样一群人时，会使你的成长速度变慢。假如你的成长慢下来，你也预料得到，你追求自身目标和愿望的步伐也会随之慢下来。

> 当自己身边老是围绕着同样一群人时，会使你的成长速度变慢。

看看当今的一些成功人士，你就会发现与合适的人结识会有怎样的影响。

每个人都知道英国人西蒙·考威尔(Simon Cowell)，他是"英国信任偶像选拔赛"和"美国偶像"选秀节目的"毒舌"评委。假设你问西蒙是谁帮助他取得了今天的成功，他可能会提皮特·沃特曼（Peter Waterman）的名字。西蒙的职业生涯初期都跟随在皮特·沃特曼的左右，从他那里了解到了大量音乐行当的事情。照他说，这些是他"成功的基础"。

我们来看另外一个例子。美国激励大师托尼·罗宾斯(Tony Robbins)是对成千上万的人产生过巨大影响的大人物。托尼年轻时在另外一个伟大的演讲家——吉姆·罗恩（Jim Rohn）手下工作。同样，如果你问托尼谁帮助他形成现在的思维方式，助他成功，他肯定会说是吉姆·罗恩（Jim Rohn）。

西蒙·考威尔和托尼·罗宾斯都选择走近能够帮他们学到东西并帮助他们成长的人。为了自己更快地成长，你会花更多的时间去接触谁、结识谁呢？

你认识谁，最经常跟谁在一块，这是你未来取得成功、收获净值最有力的风向标。

俗话说，"人脉就是你的净值"。你认识谁，最经常跟谁在一块，这是你未来取得成功、收获净值最有力的风向标。假设你已经定好了自己的成功目标，来给自己以动力去实现成功，那么你不觉得对于你最重要的行动之一，不就是确定谁能够帮助你快速成长并更快地实现目标吗？

现在就开始花几分钟时间，考虑下哪类人甚至具体是谁，最能给你帮助。一旦你心中有数，你就可以考虑最好采取哪种方式，为自己创造条件去认识这些人，并深入了解他们。你可以利用现成的关系网，也可以通过你已经认识的人去予以接触。

事实上，如果你没有真正确定谁能够给你最多帮助，那么你绝不会主动采取必要行动，去找机会认识他们。

多结识那些能够帮助你成长的人。

1. 审视一下你最经常跟哪些人处在一起。

2. 他们正在帮助你如愿地快速成长吗？

3. 人脉为你创造净值。

真谛

41

回顾你的过去，你会发现，你肯定有某件具体任务完成得特别出色的时候，也许是在学生时代，也许是你参加工作。如果你仔细想想，很可能发现，你当时是带着极大的自豪感去完成任务的，而自豪感有可能正是你出色表现的首要原因。

自豪感通常源于你对某事的投入程度，投入则催生出拥有感。

在做事时，你对质量与自豪感的追求能够驱使着你取得巨大的成就。自豪感通常源于你对某事的投入程度，投入则催生出拥有感。

人们对待自家的车跟对待租来的车完全是两回事，这就是自豪感造成的区别。当你的车是租来的时候，你通常不会像对待自己的车一样在乎它。车子脏了，你可能不会去洗车，因为你觉得自己用车的时间并不长。由于你没有拥有此车的自豪感，你就不会像在乎自己的车一样去在乎它。

但是，你觉得你是否会在某些情况下，对租来的车辆陡然生出自豪感，甚至比在乎私家车更加在乎它呢？比如说，你租这辆车是为了公务，为了拜会客户。如果这辆车很脏的话，它会给你要拜访的客户留下好印象吗？在这种特殊情况下，你可能会在拜会客户前先洗洗车，而能给顾客留下一个好印象的这种想法，会使你打心里生出自豪感。

你做事情的自豪感，往往更多地体现在你每天的日常活动中，而不是说你提了多么大的倡议或者做了多大的改变，它往往体现为你在一些自己称作"最基本"的事情上拿出了最好的表现。这些通常是你一天内要做的普通活动，然而，对工作怀有自豪感的人往往会在这些看似普通的事情上把自己的能力发挥得淋漓尽致。

当你日复一日地用心处理这些普通事情时，你其实是在为自己的成功奠定基础。当时机到来时，这种成功的基础就能助你把该做的事打点好，而且通常会使你的能力得到最大程度的发挥。

现下，很多人总是带着一种过得去就行的态度。当你对工作没有自豪感时，你的工作成效往往停留在最低的层面，你的工作质量还可以接受，看起来好像还行。但假如你总是不断地以这种方式重复进行工作，你的工作质量就会越变越低。如果你以"还行"作为目标，那么你的目标就会一直下行。只要其他人没有抱怨，你就会不断地降低自身标准。但是别忘了，与此同时，你也会不断地减少自身对工作的自豪感。

如果你以"还行"作为目标，那么你的目标就会一直下行。

带着自豪感去工作的人通常会努力地做到最好。只有当你坚持做到做好时，你才能保持强烈的自豪感。你呢？你通常在任何情况和环境中都会努力做到最好吗？

记住，带着自豪感在必要的时候去做必须做的事，会帮助你把今天、把每一天的事情都做好，使你的能力得到淋漓尽致的发挥。

1. 对工作全力以赴，往往能令你产生自豪感。
2. 当你对自己的工作怀有自豪感时，你往往会取得更多成就。
3. 投入令人产生拥有感，拥有感催生出自豪感。

真谛

42

PART 9

关于实现
非凡成就
的真谛

把常识变为
自己常做的事

读了这么多真谛之后，你可能发现，其中并没有提出什么石破天惊的概念、工具或者技巧，可以帮助你改进做事的方法。这一点很有意思，不是吗？但实际上，你所读到的都是古往今来无数成功人士用以做事并赖以成功的常识。

在生活中，要把事情做好并取得成功，靠的不是每天提出一些奇思妙想或者做出一些惊人之举，归根结底靠的是采取一些必要的、常识性的行动，并且沉下性子，日复一日地把这些事情做好。

许多人都无法沉下性子，把常识变成自己常做的事。

许多人都无法沉下性子把常识变成自己常做的事。这些行动往往不难，并不会要求你非有博士学位才行。然而，事情越容易，人们也就越容易不想去做。

你已经读了许多关于自己如何独立做事、又该如何与人合作的真谛，这些真理涉及到方方面面的领域。尽管如此，你实际上可以把你所学到的东西仅用几个常识性的行动来总结：

1. 确定你想要什么？成功。

2. 决定你每天或每周为实现成功需要做的是什
么？自律。

常识告诉我们，如果连目标都没有，实现就无从
谈起。

因此，假如你想把该做的事情做得十分出色，那
么你就得清楚地明确自己想要什么又为什么会有这样
的愿望。

常识同时告诉我们，如果你总是做一样的事情，
那么你就无法获得不一样的结果。

你可能已经明白，要想达成所愿，你真的应该以
每天、每周为单位行动起来。但对于大多数人而言，
问题不是他们不懂这个道理，而在于他们不愿去做。

可以采纳一些真谛当中所包含
的理念，从今天起，就养成以每
天、每周为单位的行事习惯。没有
人能替你做这件事，没有人比你更
明白自己想要什么，又为什么想要
这个。吉姆·罗恩（Jim Rohn）说得好："你不可能
雇别人来替你做俯卧撑。"实际上，这个决定必须由
你自己来做，而且你必须对自己作出承诺，保证将基
于这个决定采取必要的行动。

你需要有什么样的常识，使今天就开始行动起
来呢？

> 没有人比你更明白
> 自己想要什么，又
> 为什么想要这个。

选择一个能让你接近你梦寐以求的成功、过上向往的生活的常识性习惯，制定一个能确保把这个习惯真正固定下来的计划。假如你的愿望对于你是如此的重要，你拥有这个愿望的理由也是如此之充分，那么对你来说，你就会更容易地信守对自己的承诺并养成该习惯。

本书能使你认识到，所有事情的关键几乎都在于你自己，在于你的关注点以及关注点背后的自律性，而不是任何特殊的工具或是时间管理技巧。另外，你应该带着某个理由去做事，去实现你的愿望，而不是仅仅把自己已经完成的任务简单罗列出来。

有一个词要记住，最后的三个关键点中都有这个字。它总结出了一条让你行动起来的好办法。

这个字就是**何**!

1. 你想要**何**种成功，且为**何**有这样的愿望？
2. 你如**何**把事做好（达成预期结果和建立良好习惯）？你需要他人的**何**种帮助？
3. **你**想要成为**何**种人物？**你**需要在培养每天、每周的习惯中注入什么样的纪律性，使自己能够做到，并**获得**自己期望的成功呢？

把寻常的常识变为自己经常要做的事——这实际是件不同寻常的壮举!

参考书目

(Key Word)—Highlights the subject related to each reference.

Truth 1

Les Brown, *Step into your Greatness Live*, www.tstn.com (Potential)

Brian Tracy, *Brian Tracy Success Mastery Academy*, Strategic Marketing Group, 1998 (Clarity)

Nido Qubein, http://www.nidoqubein.com (Future)

Truth 2

George Zalucki, *An Experience to Make a Difference*, www.georgezalucki.corn, 1992 (Why, desire)

Truth 3

Les Brown, *Step into your Greatness Live*, www.tstn.com (Belief)

Denis Waitley, *Winners Believe with Passion*, www.tstn.com (Belief)

Truth 4

Brian Tracy, *Brian Tracy Success Mastery Academy*, Strategic Marketing Group, 1998 (Focus)

Stan Christensen, Stanford University—Entrepreneurial Thought Leader Podcasts, http://edcorner.stanford.edu/authorMateriallnfo.html?author=211(Criteria)

Truth 5

Brian Tracy, *Brian Tracy Success Mastery Academy*, Strategic Marketing Group, 1998 (Focus)

Truth 6

Brian Tracy, *Brian Tracy Success Mastery Academy*, Strategic Marketing Group, 1998 (Clarity)

Truth 7

Brian Tracy, *Brian Tracy Success Mastery Academy*, Strategic Marketing Group, 1998 (Goals)

Truth 8

Jim Rohn, *The Art of Exceptional Living*, Nightingale-Conant, 2003 (Journey)

Earl Nightingale, http://earlnightingale.com (Belief)

Denis Waitley, *Winners Determine Their Futures*, www.tstn.com (Future)

Truth 9

David Allen, *Getting Things Done: The Art of Stress-Free Productivity*, Penguin, 2002 (Follow-up)

Bill Creech, *The Five Pillars of TQM* (Ownership)

Truth 10

Dr Maxwell Maltz,
http://www.psycho-cybernetics.com/maltz.html (Thought)

Robert H. Schuller, http://www.crystalcathedral.org
(Thought)

Les Brown, *Step into your Greatness Live*, www.tstn.com
(Belief)

George Zalucki, *Emotions—Servants or Destroyers*,
www.georgezalucki.com, 1992 (Belief)

Bob Proctor, *Getting to Know You*, www.tstn.com (Paradigms)

Truth 11

Jim Rohn, *The Art of Exceptional Living*, Nightingale-
Conant, 2003 (Today)

John Wooden, *Wooden*, McGraw-Hill, 1997 (Today)

Truth 12

Dan Lier, America's Coach, *Your True Potential*,
www.tstn.com (Belief)

Les Brown, *Step into your Greatness Live*, www.tstn.com
(Belief)

Truth 13

Zig Ziglar, *See You at the Top*, Pelican Publishing Company,
2nd revised edition, 2000 (Attitude)

Rick Pitino, *Lead to Succeed, 10 Traits of Great Leadership in Business and Life*, Broadway, 2001 (Choice)

Truth 14

James Allen, http://www.asamanthinketh.net/JamesAllen. htm (Thoughts)

Brian Tracy, *Brian Tracy Success Mastery Academy*, Strategic Marketing Group, 1998 (Thoughts)

David Allen, *Getting Things Done: The Art of Stress-Free Productivity*, Penguin, 2002 (Next action)

Truth 15

Jerry Clark, *Think Like a Giant*, www.tstn.com and www. clubrhino.com (Thoughts)

Truth 16

Jim Rohn, *The Art of Exceptional Living*, Nightingale-Conant, 2003 (Action)

Truth 17

David Allen, *Getting Things Done: The Art of Stress-Free Productivity,* Penguin, 2002 (Think ahead, rapid refocusing)

Truth 18

David Allen, *Getting Things Done: The Art of Stress-Free Productivity*, Penguin, 2002 (Think ahead)

Rick Pitino, *Lead to Succeed, 10 Traits of Great Leadership in Business and Life*, Broadway, 2001 (Prepare)

Truth 19

Les Brown, *Step into your Greatness Live*, www.tstn.com (Action)

George Zalucki, *Emotions—Servants or Destroyers*, www.georgezalucki.com, 1992 (Action)

Truth 20

John Wooden, *Wooden*, McGraw-Hill, 1997 (Today)

Truth 21

Jim Rohn, *The Art of Exceptional Living*, Nightingale-Conant, 2003 (Discipline)

Jim Cathcart, *The Purpose of Selling*, www.tstn.com (Discipline)

Truth 22

Brad Isaac, http://www.fromedwardwithlove.com/jerry-seinfelds-productivity-secret (Daily discipline)

Truth 23

Brian Tracy, *Brian Tracy Success Mastery Academy*, Strategic Marketing Group, 1998 (Extra)

Truth 24

Jim Rohn, *The Art of Exceptional Living*, Nightingale-Conant, 2003 (Action)

Robert H. Schuller, http://www.crystalcathedral.org
(Action)

Truth 25

Denis Waitley, Platinum Collection, *The Psychology of Winning*, Nightingale-Conant, Abridged edition, 2005 (Habits)

Truth 26

Tony Alessandra, *The Platinum Rule*, www.tstn.com (Adaptability)

Truth 27

George Zalucki, *Emotions—Servants or Destroyers*, www.georgezalucki.com, 1992 (Listen)

Truth 28

Jeffrey Gitomer, *Little Red Book of Selling*, Bard Press, 1st edition, 2004 (Sales)

Zig Ziglar, *See You at the Top, Pelican Publishing Company*, 2nd revised edition, 2000 (Sales)

Truth 29

Larry Bossidy, Ram Charan and Charles Burck, *Execution: The Discipline of Getting Things Done*, Crown Business, 1st edition, 2002 (Questions)

Jack Welch and John A. Byrne, *Jack: Straight from the Gut*, Business Plus, 2003 (Questions)

Truth 30

Jim Rohn, *The Art of Exceptional Living*, Nightingale-Conant, 2003 (Stories)

Truth 31

David Allen, *Getting Things Done: The Art of Stress-Free Productivity*, Penguin, 2002 (Communication)

Truth 32

Jeffrey Gitomer, *Little Red Book of Selling*, Bard Press, 1st edition, 2004 (Listen)

Connie Podesta, *Life Would Be Easy If lt Weren't for Other People*, Corwin Press, 1st edition, 1999 (Listen)

Truth 33

Tony Alessandra, *The Platinum Rule*, www.tstn.com (Adaptability) Zig Ziglar, http://www.ziglar.com (Serve)

Truth 35

Patrick M. Lencioni, *The Five Dysfunctions of a Team: A Leadership Fable*, Jossey-Bass, 1st edition, 2002 (Trust, conflict)

Patrick M. Lencioni, Leadership TRAQ Podcast, http://www.leadershiptraq.com/podcast/traqpod.html (Trust)

Truth 36

David Allen, *Getting Things Done: The Art of Stress-Free*

Productivity, Penguin, 2002 (Follow-up)

Patrick M. Lencioni, Leadership TRAQ Podcast, http://www.leadershiptraq.com/podcast/traqpod.html (Trust)

Larry Bossidy, Ram Charan and Charles Burck, *Execution: The Discipline of Getting Things Done*, Crown Business, 1st edition, 2002 (Follow-up)

Truth 37

Les Brown, *Step into your Greatness Live*, www.tstn.com (Potential)

Marcus Buckingham and Curt Coffman, *First Break All the Rules: What the World's Greatest Managers Do Differently*, Simon & Schuster, 1st edition, 1999 (Strengths)

Truth 38

George Zalucki, *Emotions—Servants or Destroyers*, www.georgezalucki.com, 1992 (Uncomfortable)

Steve Siebold, *Developing Mental Toughness Skills*, www.tstn.com (Thoughts)

Truth 39

Vince Lombardi, http://www.vincelombardi.com/about/highlights.htm (Potential)

Dan Lier, America's Coach, *Your True Potential*, www.tstn.com (Potential)

Truth 40

Charlie "Tremendous" Jones,
http://www.executivebooks.com/cjones (Network)

Les Brown, *Step into your Greatness Live*, www.tstn.com
(Potential)

Steve Young, Stanford University—Entrepreneurial
Thought Leader Podcasts,
http://edcorner.stanford.edu/authorMateriallnfo.
html?mid=1739 (Trust)

Truth 41

Bill Creech, *The Five Pillars of TQM* (Ownership)

Truth 42

Jim Rohn, *The Art of Exceptional Living*, Nightingale-
Conant, 2003 (Discipline)